Learning Experimental Design and Data Processing
from Scratch

从零学实验设计与数据处理

曹更玉　曾子峯　编著

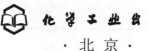

化学工业出版社

·北京·

内容简介

在产品研发或改进过程中，需要进行大量而重复的实验以确定最优的配方及工艺。掌握先进的实验方法和数据处理方法，可以缩短研发周期、节省研发成本。

《从零学实验设计与数据处理》以实验设计为主线，除了介绍实验设计的基本原理与方法以外，佐以大量产业车间范例，旨在使读者学会不同的实验设计的理论与方法。同时通过本书对范例的说明，了解如何应用实验设计增进科研以及在车间实验的效率。

本书具有理论与实践紧密结合的特点，可供材料、化工等相关行业的研发工程师及大中专学生参考，也可供高等学校化工类专业及相关专业师生参阅。

图书在版编目（CIP）数据

从零学实验设计与数据处理/曹更玉，曾子峯编著
. —北京：化学工业出版社，2024.1（2024.6重印）
ISBN 978-7-122-44246-8

Ⅰ.①从…　Ⅱ.①曹…②曾…　Ⅲ.①试验设计②实验数据-数据处理　Ⅳ.①O212.6

中国国家版本馆 CIP 数据核字（2023）第 186250 号

责任编辑：卢萌萌　　　　　　　　　文字编辑：郭丽芹
责任校对：宋　玮　　　　　　　　　装帧设计：史利平

出版发行：化学工业出版社（北京市东城区青年湖南街 13 号　邮政编码 100011）
印　　装：北京天宇星印刷厂
710mm×1000mm　1/16　印张 11¾　字数 206 千字　2024 年 6 月北京第 1 版第 2 次印刷

购书咨询：010-64518888　　　　　　　售后服务：010-64518899
网　　址：http://www.cip.com.cn
凡购买本书，如有缺损质量问题，本社销售中心负责调换。

定　　价：85.00 元　　　　　　　　　　　　　版权所有　违者必究

前 言

当今的制造业和高科技产业面临越来越多的挑战,特别是在针对提高质量和提升产能的实践中,对于要进行的实验加以设计及如何进行实验与分析实验数据,是不可避免的课题。

在生产条件多、可变因素多的情况下,笨拙的实验方法会浪费大量的人力、物力和时间,而采用优化的实验方法可以达到意想不到的效果。因此,优化的实验方法不断涌现,从而适应和促进了现代工业和科学技术的发展。实践出真知,而实践范例可以让我们更容易理解和掌握实验方法。国内比较少有收集产业车间的实际实验设计范例的书籍,本书也是基于此而撰写的。

全书分为7章:第1章介绍实验设计和数据处理的基本概念;第2章阐述实验设计及数据处理需要的统计知识,包括假设检验、t检验、F检验、方差分析以及回归分析等;第3~7章介绍了要因法、正交表法、田口式工程法、反应曲面法和综合范例,都以实际的范例加以说明。其中第7章为一个完整的实验设计说明。

本书由曹更玉教授与曾子峯高级工程师两位博士编著。曹更玉负责全书的撰写,曾子峯主要负责范例的收集整理。

由于编著者水平有限,书中不足和疏漏之处在所难免,敬请广大读者批评指正。

目 录

第 7 章

实验设计
综合范例
151

参考文献

第1章
概述

1.1 实验的特性

实验，顾名思义是指实践性的探索与验证。一个实验是由一个单一的验证或是一连串的验证所组成的，目的在确认某些研究者所提出的问题，例如找出最好的工作方式或是较佳的化学药剂配方，或是去解释某些现实世界中事物的关系与各种现象。

一个完善、客观的实验程序所得到的结果，可以充实或修正人类世界既有的知识与经验，协助我们去解决问题或进行决策。更具体地来说，实验是借由研究者所进行的科学性实践和验证，来找到人类事物的因果关系的解释证据，是一套科学的"采取行动"与"观察结果"的客观程序。

实验中的"采取行动"，是指一个实验若要能够有效率地进行，必须经过缜密的规划，发展出一套客观的程序，并在严谨的条件下来执行研究者所关心的作用因子（也就是独立变量）。而在行动过程中，研究者必须适时地就行动产生的作用观察其现象，并记录翔实的数据。一旦行动顺利完成之后，即可进行结果的分析与诠释。

在此过程中，统计学的概念与方法扮演着相当重要的角色，尤其从科学发现的观点来看，实验设计是否符合统计计算的要求是实验设计能否成功以及产生意义的必要条件。

在实验的过程中，统计的作用并不仅是挑选出一种合适的分析方法，而且包括了对观察记录的方法、数据获得过程、数据质量的评估，对结果的分析与关系的解释等。因此，实验设计必须与统计学方法的知识内涵一并考虑，如此才能协助研究者找到有意义的结论。

科学的各个分支是由一堆"可以验证的真理"推导出来的，如果某一天其中的一个"真理"有其他的说法，那么已经推演出来的理论、公式及设备甚至产品都会发生相当程度的变化。可以肯定，理论是靠实验验证的。当一种理论可以在某些特定的条件下一而再、再而三地被验证，那就可称其为真理。因此，实验设计的内涵其实为验证各种"可以验证的真理"的必要程序与步骤。

1.2 实验设计

1.2.1 实验设计的过程

实验设计的过程如图 1-1 所示，包括实验条件及因子（独立变量）的筛选，探索性实验并发现是否有新的变量、水平的存在，实验条件及变量的优化，实验结论的验证及鲁棒性的评价。

图 1-1　实验设计的一般过程

（1）筛选

筛选为在因子过多或是对制程一无所知的情况下，找出最重要或最显著的影响因子。实验设计方法有多种，可以一次验证 3 个以上的因子，但是由于大部分的研究者对于影响因子早有定见，因此使用的机会不多。

（2）探索

探索阶段为在筛选实验后找出是否有新的因子或是新的水平。

（3）优化

优化阶段乃是针对探索以后的重要或显著因子找出最佳设定值以对应到期望的实验效果。

（4）验证

确认实验系统或制程是否与预期的行为相符合。例如，使用不同批次的原物料、相同的机型去验证结果。

（5）鲁棒

鲁棒或鲁棒性（robustness）是指系统对特性或参数扰动的不敏感性，就是系统的稳定性。所谓鲁棒性实验就是改变某个特定的参数进行重复实验，来观察结果是否随着参数设定的改变而发生变化。此阶段的目的是最小化因子变异，包含控制条件以及因子设置。

1.2.2 实验设计的优势

实验设计是利用统计学领域的知识来理解实验过程中普遍存在的复杂关系。采用实验设计的方法不仅能识别单个因子影响，而且能识别多个因子的交互影响。

实验设计通过安排最经济有效的实验次数来进行实验，以确认各种因子（x_i）对输出（y）的影响程度，并且找出能达成实验质量最佳的因子组合。因而，实验设计是进行产品和过程改进最有效而强大的武器。

实验设计的优势可以归纳如下：

① 同时测试多个变量的影响。

② 实验次数少，例如用正交表实验法中的 $L_8(2^7)$ 表进行实验，则正交表所配置出的 8 次实验就可以取代 128 次的全因子组合实验。

③ 效果好、可靠。

④ 实验周期短。

⑤ 成本低。

实验设计能够有意地将变量的改变导入一个或一组实验，以观察和确认与结果相关的改变。实验中的某些变量是可控制的，而有些变量则是无法控制的。这些无法控制的变量即为"干扰变量"。

一般来讲，实验是用来研究制程或系统表现的。通常可以将制程想象成设备、方法、人和其他资源的组合，透过这个组合，可以将一些输入（如原料、组件等）转换成输出（可以是一个或多个可观测的响应值）。而制程中可控变量以 $x_1, x_2, \cdots, x_p$ 表示，不可控变量以 $z_1, z_2, \cdots, z_p$ 表示。

实验设计有以下的几点目标：

① 找出影响响应值（y）的关键变量（x）值；

② 由最佳结果（y）找出关键变量（x）值；

③ 找出由关键变量（x）值直接而稳定地获得最佳结果（y）的途径；

④ 在干扰变量最小的情况下找出关键变量（x）值。

实验设计可以辨别哪些变量具有影响力。因此可以用在制程研发或克服制程难题上。通过实验设计可以得到一个稳定性最佳的制程，或对外在的变异不敏感的制程，即鲁棒制程。

1.2.3　实验设计的功能

实验设计由最初在农业、生物领域实验上的应用，发展出随机化集区法、部分实施法、交络法等，而后运用于科技研究、研发及工厂实验，从而取得了长足进步。特别是日本田口玄一博士发展出的正交表法，可以简单地使用部分实施法、交络法等，使得正交配置实验设计非常普及。实验设计成为以最少成本获取最大效果的制程改善方法。

实验设计是一种利用统计推论找寻一组优化参数条件的方法，是探讨实验进行方式及观测值分析的学问。用过这种方法的人都认为它是一种非常有力的工具，可以在不清楚的现象中找出可以追寻的方向。更进一步地说，可以把实验设计看作是：数学上，找寻一组参数的"内差法"，或者是说是一种"规划求解"的方式。

实验设计可以解决下列问题：

① 对于欲知的实验目标，应该如何实验最具效果？换言之，用何种手法得到与目的有关的信息、知识，并使实验成本最少？即关于实验策略规划的事，也就是如何实验。

② 用什么方法分析实验数据，并得出可靠的结论？即关于实验观测数据分析的事，也就是如何分析。

实验设计的功能则包含下列几点：

① 决定哪些变量（x）对响应（y）来讲是具有影响力的；

② 决定这些具有影响力的变量（x）的值使得响应（y）几乎永远都是在所想要的名目值的附近；

③ 决定这些具有影响力的变量（x）的值使得响应（y）的变异较小；

④ 决定这些具有影响力的变量（x）的值使得不可控变量（z）的影响极小。

1.3　实验设计的应用

1.3.1　实验设计应用范围

实验设计大量用于新制程的开发。在制程开发的初期就应用实验设计的方法可以带来如下效益。

① 提升制程产品的良率；

② 针对目标需求的变异，使产品质量的一致性更好；

③ 缩短产品开发时间和过程；

④ 降低研发及生产成本。

实验设计在工程设计活动中，如新产品的开发及已有产品的改良，也扮演着一个主要角色。在工程设计中实验设计的应用包括：

① 对基本设计架构的评估及比较；

② 材料选择的评估；

③ 设计参数的选择使得产品可以在一个宽广的条件下操作功能正常，使得产品的功能具有鲁棒性；

④ 影响产品表现的关键设计参数的决定。

实验设计在产业生产范围的应用可以使产品较容易生产，有更强的实际表现及可靠度，有较低的产品成本及较短的产品设计与开发时间。通常适用于：

① 新产品研制开发；

② 产品设计参数优化；

③ 为产品选择最合理的配方；

④ 过程设计与优化；

⑤ 寻找最佳生产条件；

⑥ 提高老产品质量或产能；

⑦ 用于质量改进，解决长期质量问题。

1.3.2　实验设计的分类

根据实验的不同阶段和所涉及因子的复杂程度，大致可将实验设计分成三大类。

(1) 因子筛选实验，找出重要因子

包括：①二水平部分阶层实验设计，通常用于实验初期的筛选实验；②Plackett-Burman 筛选实验，主要针对因子数较多，且未确定众多因子相对于响应变量的显著影响所采用的实验设计方法；③群体筛选实验。

(2) 因子数值设定于特定区间

有下 5 种基本的设计方法：①全因子实验设计；②部分因子设计；③正交实验设计；④田口设计；⑤混合设计（配方设计）。

(3) 因子数值范围的优化

主要包括：①响应面法；②混料设计法。可实现因子在数值区域范围的优化。

1.4 实验设计的经典范例

1953 年,日本一家中型瓷砖制造公司斥资 200 万日元从联邦德国购买了新的隧道窑,用于烧结瓷砖。其中窑体长 80 米,窑内有台车载运瓷砖。瓷砖堆放在平台上,台车沿轨道缓慢移动,使瓷砖在烘烤后烧结硬化,实现连续生产。该烧结隧道窑断面如图 1-2 所示。

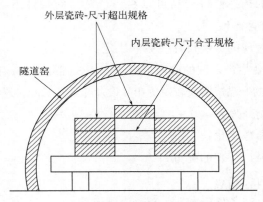

图 1-2 烧结瓷砖隧道窑的示意图

烧结完成后,发现生产出来的瓷砖尺寸参差不齐,50％以上的外层的瓷砖超过规格,而内层的瓷砖刚好符合规格。当然,管理人员和工程师都知道,造成这种差异的原因是窑内温度不均匀和不稳定,从而导致瓷砖尺寸出现差异。显然,瓷砖所经受的烧制温度是该过程中的一个干扰变量。

要解决这个问题,也就是要让隧道窑内的温度分布更均匀,需要重新设计整个窑炉,且要额外花费 50 万日元。在 1953 年,那是一大笔钱,公司没有足够的钱进行额外投资。另一个问题是:是否有另一种方法可以减少瓷砖的尺寸变形,而无需改造为温度分布更均匀的隧道窑?

该公司决定在瓷砖制造过程中实验和探索可能影响瓷砖尺寸的各种因素。工程师在实验中提出了一些可能有效改善尺寸变化的因子。

(1) 瓷砖制造过程与尺寸管理

① 瓷砖制造过程 瓷砖制造过程由原料加工、成型、烧结、上釉及再烧结几个步骤组成,见图 1-3。

② 烧结后的瓷砖尺寸管理 产品的质量管理,必须符合质量要求的产品分布。对于隧道窑瓷砖生产,瓷砖烧结尺寸管理图见图 1-4。

图 1-3　瓷砖制造流程图

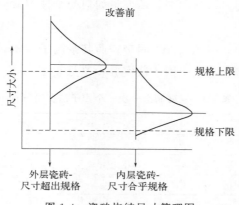

图 1-4　瓷砖烧结尺寸管理图

(2) 控制因子与水平

瓷砖制造因子（变量）包括原料种类、粗细度、原材料加料量、回收材料添加量等，水平则指各因子的选定的比例、数量或组合。瓷砖制造因子水平一览见表 1-1。

表 1-1　瓷砖制造因子水平一览

控制因子	水平 1	水平 2
A：石灰石	$A_1 = 5\%$（新方案）	$A_2 = 1\%$（现行）
B：某添加物粗细度	$B_1 = $ 粗（现行）	$B_2 = $ 细（新方案）
C：蜡石	$C_1 = 43\%$（新方案）	$C_2 = 53\%$（现行）
D：蜡石种类	$D_1 = $ 现行组合	$D_2 = $ 新方案组合
E：原材料总量	$E_1 = 1300\text{kg}$（新方案）	$E_2 = 1200\text{kg}$（现行）
F：回收料添加量	$F_1 = 0\%$（新方案）	$F_2 = 4\%$（现行）
G：长石量	$G_1 = 0\%$（新方案）	$G_2 = 5\%$（现行）

上面提到的 7 个因子都是可控的。每个因素都有两个水平。解决尺寸变化问题的方法不是找到并消除变化的原因。工程师知道原因，但消除原因需要太长时间。正确的方法是找到这些控制因素水平的最佳组合，以减少瓷砖尺寸变化并获得预期的产量。

(3) 实验方法与实验规划

针对该项目，可采取的由低阶到高阶，由繁杂到简洁的实验方法包括：

① 一次一个因子法　一次一个因子法是一种设计简单但操作复杂的测试方法。在这种方法中，选择每个因子的起点、起始水平或水平的第一个组合。除了第一个组合作为起始水平，其他变量在允许范围内进行连续变更。所有实验完成后，可以绘制一系列图来显示变量如何受个体因素变化的影响，结果的解释也非常直观。

本次瓷砖实验中，将 A_1、A_2 固定，而其余因子（B、C、D……）变动下做比较，则瓷砖制造一次一个因子法实验一览见表 1-2。

表 1-2　瓷砖制造一次一个因子法实验一览

实验代号	因子							效应
	A	B	C	D	E	F	G	
1	A_1	B_1	C_1	D_1	E_1	F_1	G_1	y_1
2	A_2	B_1	C_1	D_1	E_1	F_1	G_1	y_2
3	A_2	B_2	C_1	D_1	E_1	F_1	G_1	y_3
4	A_2	B_2	C_2	D_1	E_1	F_1	G_1	y_4
5	A_2	B_2	C_2	D_2	E_1	F_1	G_1	y_5
6	A_2	B_2	C_2	D_2	E_2	F_1	G_1	y_6
7	A_2	B_2	C_2	D_2	E_2	F_2	G_1	y_7
8	A_2	B_2	C_2	D_2	E_2	F_2	G_2	y_8

一次一个因子法是通过改变一个因素的水平进行试验并观察结果的变化，以了解该因素对实验结果的影响。

优点：

a. 简单易操作：一次一个因子法只需要改变一个因素的水平，并保持其他因素不变，相对较简单且易于操作。

b. 易于分析结果：由于只有一个因素发生变化，因此结果的变化容易归因于该因素，方便进行分析和解释。

c. 确定性：通过逐步改变每个因素，可以明确地确定每个因素对实验结果的贡献。

缺点：

a. 时间消耗大：由于需要逐个改变每个因素的水平，所以需要较长的时间来完成试验，如果有多个因素需要考虑，时间消耗会更大。

b. 忽略交互作用：一次一个因子法无法考虑不同因素之间的交互作用，因此可能无法完全揭示因素之间的复杂关系。

c. 数据不充分：由于只改变一个因素的水平，很可能无法获得足够的数据来支持准确的统计推断，导致结论具有一定的不确定性。

综上所述，一次一个因子法在实验设计中具有简单易操作和确定结果的优点，但其时间消耗大、忽略交互作用和数据不充分等缺点需要注意。根据具体的研究目的和实验需求，选择适当的试验设计方法是非常重要的。

② 全因子实验法　全因子实验法是将所有因子一起变化，实验的正确方法是析因实验，较一次一个因子法有所改善。瓷砖烧结实验的全因子实验按照 7 个控制因子和每个因子 2 个水平的排列组合，可得到表 1-3。

表 1-3　瓷砖制造全因子实验一览

实验代号	A	B	C	D	E	F	G	效应
1	1	1	1	1	1	1	1	y_1
2	1	1	1	1	1	1	2	y_2
3	1	1	1	1	1	2	1	y_3
4	1	1	1	1	1	2	2	y_4
5	1	1	1	1	2	1	1	y_5
6	1	1	1	1	2	1	2	y_6
7	1	1	1	1	2	2	1	y_7
8	1	1	1	1	2	2	2	y_8
...	...	...	...	...	...	...	...	...
...	...	...	...	...	...	...	...	...
126	2	2	2	2	2	1	2	y_{126}
127	2	2	2	2	2	2	1	y_{127}
128	2	2	2	2	2	2	2	y_{128}

因子共计 7 个，有 2 个水平，则需要进行 2^7 次实验，即 128 次实验。该实验每次实验耗时 16 小时，几乎占用 1 天的时间，128 天约等于 4.2 个月才能完成一套全因子实验。

③ 正交表实验设计　逐因子和全因子实验方法的缺点是：实验工作量大，没有考虑因子间的相互作用。由于一种因素与另一种因素以不同程度结合，可能具有相同的效果，因此相互作用因素会使解释实验的响应变得困难。

要降低实验工作量，可以进行正交试验。依据正交表 $L_8(2^7)$，则瓷砖制造正交设计实验规划见表 1-4。

(4) 实验执行与实验结果

该公司执行瓷砖制造正交设计实验，其实验执行表与实验结果见表 1-5。

表 1-4　瓷砖制造正交设计实验一览

实验代号	因子							效应
	A	B	C	D	E	F	G	
1	1	1	1	1	1	1	1	y_1
2	1	1	1	2	2	2	2	y_2
3	1	2	2	1	1	2	2	y_3
4	1	2	2	2	2	1	1	y_4
5	2	1	2	1	2	1	2	y_5
6	2	1	2	2	1	2	1	y_6
7	2	2	1	1	2	2	1	y_7
8	2	2	1	2	1	1	2	y_8

表 1-5　瓷砖制造正交表实验执行表与实验结果

实验代号	A：石灰石	B：某添加物粗细度	C：蜡石	D：蜡石种类	E：原材料总量/kg	F：回收料添加量	G：长石量	每 100 件尺寸缺陷数
1	5％	粗	43％	现行	1300	0％	0％	16％
2	5％	粗	43％	新方案	1200	4％	5％	17％
3	5％	细	53％	现行	1300	4％	5％	12％
4	5％	细	53％	新方案	1200	0％	0％	6％
5	1％	粗	53％	现行	1200	0％	5％	6％
6	1％	粗	53％	新方案	1300	4％	0％	68％
7	1％	细	43％	现行	1200	4％	0％	42％
8	1％	细	43％	新方案	1300	0％	5％	26％

（5）实验结果分析

① 从 8 次实验的质量特性值（每 100 件尺寸缺陷数）中计算出每一个可控制因子的不同水平下的平均值。依据实验数据，瓷砖制造正交设计实验结果效果响应见表 1-6。

表 1-6　瓷砖制造正交设计实验结果效果响应值（％）

水平	A：石灰石	B：某添加物粗细度	C：蜡石	D：蜡石种类	E：原材料总量	F：回收料添加量	G：长石量
1	12.75	26.75	25.25	19.00	30.50	13.50	33.00
2	35.50	21.50	23.00	29.25	17.75	34.75	15.25

② 依据瓷砖制造正交设计实验结果，绘制响应见图 1-5。

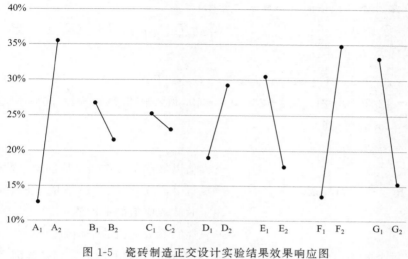

图 1-5 瓷砖制造正交设计实验结果效果响应图

③ 依据瓷砖制造实验结果，进行实验数据的方差分析，结果见表 1-7。

表 1-7 瓷砖制造正交设计实验数据方差分析

变异来源	平方和	自由度	均方	F 值	显著性	贡献率	概率
A	1035.13	1	1035.13	102.2		32.35	0.063
F	903.13	1	903.13	89.2		28.18	0.067
G	630.13	1	630.13	62.2		19.57	0.080
E	325.13	1	325.13	32.1		9.94	0.111
D	210.13	1	210.13	20.8		6.31	0.138
B	55.13	1	55.13	5.4		1.42	0.258
C	10.13	1	10.13	1.0		0.00	0.500
SST	3168.88			ST%		97.76	

④ 实验最佳条件结果如下：$A_1 B_2 C_2 D_1 E_2 F_1 G_2$，见表 1-8。

表 1-8 瓷砖制造正交设计实验最佳条件结果

A：石灰石	B：某添加物粗细度	C：蜡石	D：蜡石种类	E：原材料总量	F：回收料添加量	G：长石量
5%	细	53%	现行组合	1200	0%	5%

(6) 后续确认实验

① 最佳条件预估值（不良率百分比）

$$\hat{\mu} = \overline{T} + (\overline{A}_1 - \overline{T}) + (\overline{B}_2 - \overline{T}) + (\overline{C}_2 - \overline{T}) + (\overline{D}_1 - \overline{T}) + (\overline{E}_2 - \overline{T}) +$$
$$(\overline{F}_1 - \overline{T}) + (\overline{G}_2 - \overline{T})$$
$$= \overline{A}_1 + \overline{B}_2 + \overline{C}_2 + \overline{D}_1 + \overline{E}_2 + \overline{F}_1 + \overline{G}_2 - 6\overline{T}$$
$$= 12.75\% + 21.50\% + 23.00\% + 19.00\% + 17.75\% + 13.50\% +$$
$$15.25\% - 6 \times 24.125\%$$
$$= -22.00\%$$

式中　　　　　　　　　　　　　$\hat{\mu}$——推估以最佳条件作实验后的结果数值；

$\overline{A}_1$、$\overline{B}_2$、$\overline{C}_2$、$\overline{D}_1$、$\overline{E}_2$、$\overline{F}_1$、$\overline{G}_2$——执行 A_1、B_2、C_2、D_1、E_2、F_1、G_2 因子时，效应值的平均值；

$\overline{T}$——整体实验效应值的平均数。

以每个因子的最佳实验数减去整体实验效应值的平均数，就是该因子的对于实验效应值的贡献。

② 瓷砖制造的后续确认实验　通过正交表法得到的最佳条件改善瓷砖烧结后，得到的改善前后的质量管理图见图 1-6。由此可见，在不改造隧道窑或不改变温度控制的条件下，通过设计得到的优化条件生产的瓷砖以尺寸而论，完全满足良品率的要求。

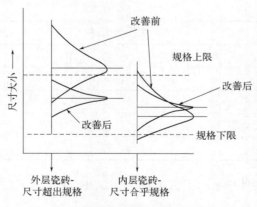

图 1-6　瓷砖烧结后续实验的尺寸管理图

因此，这家公司在不增加成本的情况下，改善了瓷砖制造过程中的针对温度的变异"鲁棒性"。它达到了以下的目的：

a. 消除某一因素的不良影响，而不是去除某一因素；

b. 经过改善质量，降低了生产成本。

（7）　实验小结——从混沌不清中找方向

窑炉烧结瓷砖的例子是很多实验设计书籍所提供的例子，这个例子很简洁地以一个正交表就将窑炉的烧结的问题解决。但是，实际上的经验是：一个产品的由无到有，执行 10～20 次正交表实验（2 水平、3 水平）是很正常的，也就是"逐步正交法"。

进行一次实验设计就能找到优化的实验条件的概率很小，通常的状况是：要找的实验条件已经执行了很多次，或者是有交互作用，实验已经出现"交络"的现象，而在执行实验的时候没有考虑这种状况，所以实验一直做不出理想的结果来。

在影响因素较为明确的情况下，运用正交表法设计实验，可以较快地了解问题的症结。

1.5　实验设计基本原理

1.5.1　实验设计的原则

实验设计的原理是随机化、区集划分、重复、平衡及正交。为了确保实验结果被正确地分析，设计实验时必须考虑以下的原则。

（1）　随机化原则

随机化是实验设计中使用统计方法的基础。所谓随机化，指的是实验材料的配置及各个实验的进行顺序是随机数排列。由于统计方法要求观测值（或误差）为随机变量，其分布函数是互相独立的，随机化的过程通常可以确保这个假设成立。

实验通过适当的随机化，亦有助于"扯平"可能出现的外来因子的干扰。为避免实验的先后顺序影响实验结果，通常的做法是将实验的顺序随机选定。不要依顺序来执行实验，要以随机方式来执行实验，不要出现"交络"现象。

（2）　区集划分原则

区集划分是一个增加实验精确度的技巧。一个区集就是在整批材料当中同质性较高的部分。区集划分是为了对每个区集内影响实验的条件做比较。

为避免实验误差过大而影响实验统计功效，通常要将实验在不同时段执行，因为时间不是所要分析的因子，则要将时间列为集区因子，以便和其他因子有所区别。或是将实验交给不同的作业员执行,避免作业员的工作习惯影响实验的效果。

(3) 重复原则

所谓重复,是指实验的重复执行。重复的目的是减少实验误差,做法则是设法增加实验重复次数。例如,如果对某个实验重复进行了 n 次,σ^2 是个别观测值的变异数和,则样本平均值的变异数为

$$\sigma_{\bar{y}}^2 = \frac{\sigma^2}{n}$$

$$\sigma_{\bar{y}} = \sqrt{\frac{\sigma^2}{n}}$$

式中,σ^2 代表某观测量的变异数。

所以实验误差与实验的重复次数 n 的平方根成正比。故当 n 越大,平均值的变异数越小,实验误差越小。

重复有两个重要的性质:

① 允许实验者估计实验误差的变异数,而这个误差变异数的估计值就成为判断所观察到的资料中的差异在统计上是否显著的基本衡量尺度。

② 如果样本平均值($\bar{y}$)是用来估计实验中因子的效应,则重复可以使得实验者得到更精确的效应估计值。

(4) 平衡原则

平衡是为了符合实验设计的基本假设,即各组内变异相等的假设。而平衡的做法是让每次实验中的每一水平或每一处理的次数均相同。

(5) 正交原则

目的是减少实验次数或是解决交络现象,做法是利用部分因子设计正交表进行实验。

1.5.2　实验的策略

实验中通常会有好多种因子。而实验者的目的就是要决定这些因子对系统的输出响应的影响。有人说:研发是利用有限的资源,去创造无限的可能。要如何利用有限的资源,实验的策略就显得非常重要。

(1) 策略1:筛选策略

筛选主要因子,通过物理与工程知识及经验筛选主要因子。

(2) 策略2:优化策略

通过实验方法,找出最佳的生产条件。

（3）策略 3：再现性策略

对最佳的生产条件进行验证。

实现以上策略的流程图如图 1-7。

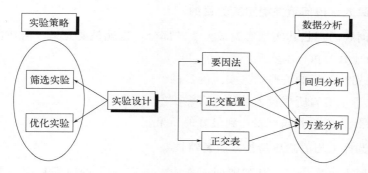

图 1-7 实验流程

对于实验设计首推正交表，因为它在逻辑上是最好的方法。可以用正交表的实验设计解决筛选及优化两大问题，简化实验设计上的复杂性。利用两次正交表即可以处理大部分的问题。

由于正交表固有的限制，在实验设计的时候也要特别小心，否则"交络"现象会使得实验的结果有较大出入。

在工程上，应用在新产品设计、制程开发及制程改善方面，"实验"都扮演一个重要的角色。许多情况是要发展出一个鲁棒制程，亦即一个受外来变异因素影响极小化的制程。

由于各因素对实验结果影响的不确定性，一般无法在较低实验次数的状况下达到目的。一般车间的经验是：要做出一个产品，10～20 次的正交表使用是不可避免的，也就是说实验进行 80～120 次很正常。

以筛选及优化策略为基础，采用正交表进行实验，是进行实验设计的比较好的方法。筛选实验以 2 水平为主，水平间距宜大，以获得实验的方向及显著性。然后再以 2 水平、3 水平配合田口式方法。田口式方法是将实验的效应值的平均数与方差进行数据计算，计算出信噪比。$\eta = -10\lg\left(\dfrac{\bar{y}^2}{S^2}\right)$ 为望目型的信噪比公式。信号（y）是实验的效应值，而噪声（S）可视为方差。而若将执行正交实验作为内表，将环境所产生噪声因子的实验作为外表，执行实验时就可以计算出实验效应值与噪声。从而计算出信噪比，最后可以得到环境可靠度。

1.6 实验设计的步骤

(1) 深入认识问题并确定实验目的

了解问题的现状其实是实验最重要的部分，也就是要先思考清楚：

① 为什么要执行本实验？

② 要用什么样的策略达到实验的目的？

③ 执行本实验所要投入的成本有多少？

④ 有什么样的方式可以达到最好的结果？

(2) 选择适当的响应特性或质量特性

田口博士曾称在其咨询和顾问工作中，他有 80％ 的时间在定义质量的特性，质量的特性选择首先在于它是否有良好的"可加成性"，也就是是否有"交互作用"的存在。不可忽略有交互作用的状态。而一个有着良好的"可加成性"的质量特性因子间依此衡量的交互作用必很小，甚至于不存在。而一个"可加成性"差的质量特性，则因子间必会存在极强的交互作用。所以田口博士虽然常强调"忽略交互作用"，但实际上，是因为田口博士看重并慎选质量特性，而忽略交互作用。

实验的特性值尽量选择与基本结构中能量转换有关的响应值。

不当选用质量特性，常导致严重的交互作用，使因子效果的加成性大受影响，进而影响优化的预测值。适当的质量特性应为连续实数函数，最好为单调函数。

因此较佳的质量特性有：抗拉强度、质量、距离、速度、加速度、压力、时间等。而不适当的质量特性有：通过数或不通过数、良率或不良率、外观分数、缺失数目、气泡数目等。

在选择因子时，实验者应该要能确定这个变量确实能提供有价值的信息。最常见的因子是测量特性的平均值或标准偏差（或两者皆是）。多重因子的情况是相当普遍的。测量能力（或测量误差）也是一个重要因子。

如果测量能力不足，则实验者只能发现相对较大的因子效应或需要更多的重复。当测量能力很差时，实验者可能决定进行多次实验，然后以平均值作为观测到的响应值。在执行实验前，辨认与定义出因子有关事项及确定如何测量因子是非常关键的。

影响质量特性的因子大致可分为三类：

① 控制因子 参数设计中实验者可以控制的因子。若该因子在变动水平时，质量特性的变异维持不变，则称为调整因子，可用于输出值微调。

② 信号因子　在特定的控制因子下，输入某一信号因子可使质量特性随之做连续函数性变化。

③ 干扰因子（或称噪声因子）　干扰因子为实验者无法控制的因子，它能使质量特性产生变异。其又可分为下列数种，见表 1-9。

表 1-9　干扰因子类别

干扰因子类别		范例
使用阶段的干扰因子	外部干扰因子	使用环境（温度、湿度等）、使用者
	内部干扰因子	材料磨耗、材料老化
制造阶段的干扰因子	外部干扰因子	制造环境（温度、湿度等）、制造者
	内部干扰因子	材料变异、制程参数变异
质量特性测量时的干扰因子	测量干扰因子	测量的位置、测量的时间

鲁棒质量设计的原理在于决定控制因子的水平，使质量达到理想水平，不因干扰因子变动而使质量特性有过大的变异，亦即对干扰因子的灵敏度降低。

（3）实验设计模式的建立

如果实验的前置规划实验已经确切地达成，则接下来的步骤则相当容易达成。实验设计的选择包括了样本大小（重复数）的考虑，进行顺序的选定及区集划分或其他随机化限制的决定等。

在实验选择设计时，不要忘记实验的目的。在许多工程实验里，一开始就知道某些因子水平会带来不同的响应值。因此，将可以辨认出哪些因子造成这个改变及估计出改变的大小，甚至可以验证均质性。

（4）执行实验

当实验在执行时，很重要的一点是仔细地监控实验过程以确保每件事都是按照规划来完成的。在这个阶段实验程序的失误将会摧毁实验的有效性。前置规划是成功的关键。在一个复杂的制造或研发环境里，很容易低估后勤方面及规划方面对执行一个实验的影响。

尽量保持因子外的其他变量在实验中保有相同的条件。

（5）实验结果分析——资料的统计分析

应该用统计方法来分析资料使得结果和结论是客观的而不是主观的判断。如果实验是经过设计的，则所需的统计方法不必是深奥的或华丽的。简单的图标法在数据的分析和解释上扮演着重要的角色。残差分析和模型适合性检查也是重要的分析技巧。

统计方法无法证明因子具有某特定效应,统计的结果只对结果的可靠性和正确性提供指南。统计方法的最大好处是在决策过程中注入客观性。统计技术与良好的工程或制程知识以及一般常识的组合搭配,通常会形成一个清楚、鲁棒的结论。

(6) 进行确认实验

以"确认实验"验证"实验"的再现性。若再现性佳表示实验成功,若再现性差则应讨论原因。

(7) 给出结论与建议或再次实验

一旦资料分析告一段落,必须做出有关结果的务实性结论及推荐一个行动方案。在这个阶段经常使用的是图示法,也应该执行跟踪实验或确认实验以确认实验结果。

(8) 实验步骤总结

① 通过历史数据或现场数据确定目前的过程能力;

② 确立实验目标并确定衡量实验输出结果的变量;

③ 重新评估优化后的过程能力;

④ 确定可控因子和噪声因子;

⑤ 确定每个实验因子的水平数和各水平的实际取值,并确定实验计划表;

⑥ 验证测量系统;

⑦ 按照实验计划表进行实验,并测量实验单元的输出;

⑧ 分析数据,进行方差分析和回归分析,找出主要因子并确定输入和输出的关系式;

⑨ 确认取得最好的输出结果的因子水平的组合;

⑩ 在此优化组合的因子水平上进行重复实验以确认效果;

⑪ 通过标准作业程序固定优化的条件,并进行控制。

1.7　实验全过程常犯的错误

1.7.1　实验设计常见的问题

(1) 对实验的目的认知不清或不足

① 实验目的不明确;

② 实验者自己不清楚到底要做什么,可能是一个筛选性的实验,却当作

是优化实验，在做完实验后就决定所有的参数值；

③盲目使用未经分析、检讨的技术信息，以致浪费时间与费用；

④原先获得结论未利用起来。

（2）正交表的选用错误

一般实验设计书上所列的是 $L_8(2^7)$，$L_{16}(2^{15})$，$L_{27}(3^{13})$ 等正交表，若选择正交表不合适或是因子的配置不是安排得很好，会导致实验的鉴别力不足，达不到实验设定的目标。同时正交表会有编排印刷错误的情形，导致在实验时因子水平配置错误，实验结论完全错误。

（3）对实验的步骤认知不清

常见的错误是：在正交配置设定因子的时候，由于正交表的空位很多，为了节省实验的成本，将多余的因子乱配到空的正交表位置。表面上看起来是一次实验解决了许多的问题，其实将不同的步骤牵扯在一起，最后的结果会由于两个步骤的作用而不了解哪一个为主要因素。

（4）因子水平设定的有效数字错误

一般的测量设备会有测量的误差范围，如 $10.0\text{mg} \pm 0.5\text{mg}$，其中的 $\pm 0.5\text{mg}$ 是测量的误差范围。有些是 $x \pm \sigma$，有些是 $x \pm 3\sigma$。在做实验的时候，如果两水平的设定是 10.0mg 和 20.0mg，那么 20.0mg 这个水平就会出现偏差。

（5）没有将交互作用考虑进去

有些实验没有将各因子的交互作用分开，误入交络现象。

1.7.2　实验执行时的问题

（1）依顺序实验的错误

依一定顺序实验时，很难区分系由于控制因子或不可控因子（人为或环境等）所引起的影响。

（2）实验范围所得的结论延伸至实验范围外的错误

（3）未考虑实验误差的错误

未考虑实验误差，以致将实验误差当成因子的影响，下错误结论也就是假设为真，检验结果拒绝该假设。

（4）两种条件下直接判定结果相同

未能证明在两种条件下可获得同一结果，而由于不能提出有差异的反证，即判定结果相同也就是假设为伪，检验结果接受该假设。

(5) 特性型态的混淆——连续与离散数据的混淆

实验数据在做方差分析的时候，将离散的数据，作为连续的数据，例如用不良数作分析，而不是用不良率作分析。

由于方差分析的基本假设就是连续型数值-高斯分布，用不是高斯分布的数据做方差分析，结果当然不是预期的答案。

只要是高斯分布型态的数据就可以做方差分析，现在的实验设计使用的分析方法一般为方差分析，所以特性值为常态分布的才能分析。

(6) 无法取得数据的处理

在实验时会有测量值超过测量仪器的规格值，这时由于无数据，可以用下列转换式设置虚拟的最大值与最小值。

$$
\begin{cases}
V_{\max} = \sqrt{2}\, Y_{\max} \\
V_{\min} = \dfrac{Y_{\min}}{\sqrt{2}}
\end{cases}
$$

式中　　$Y_{\max}$——观测值的最大值；

　　　　$V_{\max}$——虚拟的最大值；

　　　　$Y_{\min}$——观测值的最小值；

　　　　$V_{\max}$——虚拟的最小值。

(7) 实验数据的有效数字错误

为了取得准确的分析结果，不仅要准确测量数据，而且还要正确记录与计算。所谓正确记录是指记录数字的位数。因为数据的位数不仅表示数字的大小，也反映测量的准确程度。

(8) 未能测量中间物及各项的全部资料

以化学响应式为例，由于中间产物 C^* 的数据无法测量，导致后续实验数据分析无法进行。

$$
\begin{aligned}
&A + B \longrightarrow C^* + D \quad\quad 产率\,80\% \\
&C^* + E \longrightarrow F + G \quad\quad 产率\,60\%
\end{aligned}
$$

1.7.3　数据处理常见的问题

(1) 把筛选实验当作优化实验

只用一次实验设计就想要将所有实验的优化条件求出来，或是只做一次实验后就将各制程参数固定，或是只做一次验证实验且不再执行优化实验。

（2）只做一次正交表实验就想大功告成

通过一次的实验就将所有的参数定出来的可能性极低。

根据这一次实验的结果而在下一次的实验当中改变一个（或两个）因子的水平，称为最佳猜测途径与策略。在实务上经常为工程师或科学家所采用，或称跳跃式的思考。

通常实验者不但对要研究的系统有相当多的实战经验，同时更有丰富的技术或理论知识。然而，这种最佳猜测途径至少有两个缺点：

① 假如起始的"最佳猜测"未产生想要的结果。则实验者必须对正确的水平组合做另一次"猜测"，这样会导致进行长时间的实验而没有任何成功的保证。

② 假如起始的"最佳猜测"的结果是可接受的。则实验者会倾向于终止实验，即使无法保证所得的结果是最佳的。

（3）实验结果经过统计分析后，发现无显著性因子就不再做下去

实验中找不到显著性的因子就无法再做下去，这通常是做实验计划初学者比较常犯的错误。应该思考是否有其他的原因在控制实验的进行。因为没有显著性的原因可能有：

① 制程稳定，所以没有显著性，如果是这样，那为什么要做实验？

② 实验结果表示这次实验的因子或是水平挑选可能错误，所以要重新设计实验。

③ 误差项的偏差平方和比例太大，无法鉴别出实验因子的重要性。

（4）没有执行验证实验

实验做完后，找到了显著性因子，也将条件配合好，然后就将实验的参数固定，不做验证实验。这样的错误会在实验过程中靠后的阶段发生。

要因实验设计或是正交表实验的最佳结果是统计计算后推测出来的，如果各因子间无"隐藏性交互作用"，结果应该不会相差太远，但是如果有"隐藏性交互作用"的话，交互作用的影响会使得制程不稳定。

第 2 章
实验设计和数据处理的统计基础

2.1 名词术语

(1) 因子

实验中可控制的因素，称为因子，以 A、B、C……表示。

(2) 水平

因子的不同状态条件，以 A_1、A_2……表示。

(3) 实验处理条件

即实验中不同因子、水平的组合，例如某组合表示为 $A_3B_2C_1D_2F_2$。

(4) 实验处理数

某实验中有 5 个因子，有 4 个因子水平为 2，有 1 个因子水平为 3，则全部因子水平实验处理数为 $2 \times 2 \times 2 \times 2 \times 3 = 48$。

(5) 实验单位

某实验的处理数为 72，若每一个条件都只做 1 次实验，则构成 72 个实验单位。但若每一个处理做 2 次实验（重复 1 次），则构成 144 个实验单位或是实验次数为 144。

(6) 观测值、响应值或是质量特性值

观测值、响应值或是质量特性值是实验的目标，通常以 Y 表示。又可以分成：①望大特性；②望小特性；③望目特性。

(7) 效果响应图

将执行实验后因子相对的观测值、响应值或是质量特性值绘出，称为效果回应图或响应图。响应图可以看出因子与水平的效果的呈现，见图 2-1。

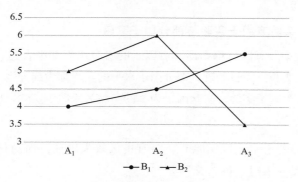

图 2-1　实验效果响应图

(8) 效果

效果是两个群的观测值的差异，代表个别因子 A_i 处于水平 i 的特性值。如 Y_1 为 1 群的观测值，Y_2 为 2 群的观测值，则效果为：$\Delta Y = Y_1 - Y_2$。因子水平效果见图 2-2。

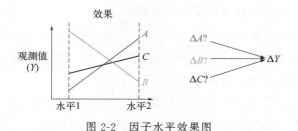

图 2-2　因子水平效果图

(9) 交互作用

指各因子的效果具有不可相加性，也就是各因子不能单独做实验，因子交互作用见图 2-3。

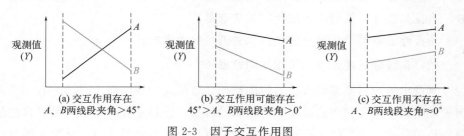

图 2-3　因子交互作用图

由图 2-3，其中（a）图表示 A 与 B 两线段在响应图上有交叉的现象，也就是 A、B 因子有交互作用。交互作用的存在可以在事先假设有，而在实验后用数据的分析也可认定，利用向量分析的方法加以分析，两向量的夹角可求出交互作用的强度。

（10）要因实验或因子实验与部分因子实验

将一个实验中所有因子都提出，对因子的所有水平都组合进行实验，称为要因实验或是因子实验。而只处理一部分因子水平的实验称为部分因子实验。实验因子为 1 的实验为单因子实验，实验因子为 2 的实验为双因子实验，以此类推。

（11）交络

当实验分成若干个集区实验时，会有集区效果出现。而当集区的效果与因子的主效果相互混淆时，称为交络。

2.2 实验数据

2.2.1 实验数据处理

（1）实验数据的原始与后续处理的型态

数据的型态会牵涉到后续处理方式，这与数据的概率分布有关。如果是离散型的数据，用常态分析的方法会得到错误的结论。在测量前，要了解数据的型态，也要弄清楚后续的数据型态。

根据数据的性质与概率分布可将数据分为离散与连续两类。在统计学中，数据按变量值在一定区间内可以任意取值的数据叫连续数据，其数值是连续不断的，相邻两个数值可作无限分割，即可取无限个数值。例如，车间生产出产品的拉力和人体测量的身高、体重、胸围等为连续数据，其数值只能用测量或计量的方法获得。

离散数据是指其数值只能用自然数或整数单位计算，例如公司数、职工人数、不良品数等，数值一般用计数方法取得。

通常连续数据是量出来的，离散数据是数出来的。

（2）实验数据是否混入不适当的数据

测量出的数据如果混入了其他的数据，数据就会不纯净。科学上有很多的例子说明数据不纯净而造成了不可预期的后果。而最重要的是，实验设计的结果都是用公式算出来的。若是当初丢给计算机算的数据是垃圾，算出来的结果也是垃圾，因此要确保数据的纯净。

（3）实验数据的有效性

实验数据的有效性涉及前面提到的有效数字。要验证实验数的有效性，先从测量仪器的精密度来看，所以对于仪器的重复性和复现性（GRR，gauge repeatability and reproducibility）要特别注意。

2.2.2　处理实验数据前的认知

实验数据的处理与分析的目的是运用统计的方法，从多次的测量数据中，估算出最接近真值的数据，也就是所想要得到的准确测量结果。借由误差的分析，了解所做的估算可信度有多高，并探讨实验误差的可能来源。

（1）误差的种类

一般而言，误差可以分为系统误差与随机误差。

① 系统误差　测量是事先公定有一测量标准单位，然后制造出合格的测量工具，将测量工具和待测物相互比较，而判得测量值。如果测量工具本身所显示的数据，因为校正时疏忽，就可能造成不正确。或因为环境的因素，如温度、压力等，使得数值产生变化。或因人为的不正确或不熟练的操作、观测方法错误等，都可能产生系统误差。

对于某些非直接测量的特性量，依据某原理或方法设计出来的实验，也有可能因为实验时无法充分满足原理所假设的状况，或根本设计原理有失误，而造成系统误差，这也是很多人常忽略的。

通常系统误差会使得测量值出现过高或过低的偏差，偏差量大致相同，不含概率分布的因子。

降低系统误差的方法，要靠正确分析误差来源：

a. 仪器造成的→设法改良仪器；

b. 环境造成的→设法控制实验环境；

c. 操作不良的→加强训练。

理论上或许可能将仪器误差完全消除，但是前两项的改善，并不需要做到最完美的情形。

② 随机误差　实验的基本方法，是希望能控制变因，以找出特性量受个别变因的影响。因此总是希望控制所有影响的变因，一次只让一种变因变化。实验的设计便是尽量能达到上述的目的。而且为了实验简便，往往也忽略对实验影响较微小的因子，但实际操作时，不见得尽如人意。这些不易控制，有时候无法控制的小变因，便会使测量值产生随机分布的误差。也就是说有些测量

值会过高，有些则会稍低。

（2）准确度与精密度

① 精密度：当多次重复测量时，不同测量值彼此间偏差量的大小。如果多次测量时，彼此间结果皆很接近，则称为精密度较高。

② 准确度：测量值与真值或公认值的偏差程度。

③ 公认值：通常指使用已知较准确且精密度高的实验仪器，在优良训练的实验人员重复操作下，所得出精密度相当高的实验结果。但实验时不见得有所谓公认值存在。

（3）测量本身造成误差

当测量待测物时，需要用一些特别手段去观测，也就因此改变了待测物。这在微弱测量及量子测量中普遍存在。

2.2.3 数据模型

（1）线性统计数据模型

对于一因子 A，其观测值 y_i 可以写成如下的形式

$$y_i = \mu_i + e_i \tag{2-1}$$

式中　μ_i——处于 A_i 水平时的"真"特性值；

e_i——处于特性值 x_i 的实验误差。

（2）加入因子效果的线性统计数据模型

$$y_i = \mu + \alpha_i + e_{ij} \tag{2-2}$$

式中　μ——一般平均；

α_i——A_i 水平之效果；

e_{ij}——处于特性值 x_{ij} 的实验误差。

（3）线性统计数据模型范例

若以广东省人口的身高为调查对象，以"人群"为研究分类。

身高（y）＝某人群的"真的"身高（μ_i）＋测量的误差（e_i）

$$y_i = \mu_i + e_i$$

再依地区（A）、收入（B）加以分类，则身高（y）等于人群的"真的"平均身高（μ）＋地区的影响（α_i）＋收入的影响（β_j）＋测量的误差（e_{ij}）。

整理后的线性统计数据模型为

$$y_{ij} = \mu + \alpha_i + \beta_j + e_{ij} \tag{2-3}$$

2.3　统计常用公式

2.3.1　数据型态

(1) 群体

群体是一批产品或同一时间以同一批原料生产的同类产品的全体。

(2) 随机试验

将检验不确定性的过程称为随机试验，重复在同一条件下执行随机试验其结果会形成正态分配，而统计方法可以帮助分析及解释这些结果。

(3) 随机数

随机数可以看成是专门的随机试验的结果。在统计学的不同技术领域中需要使用随机数，比如在从统计总体中抽取有代表性的样本的时候，或者在将试验动物分配到不同的试验组的过程中，或者在进行蒙特卡罗模拟法计算的时候等等。

(4) 合理的分组

合理的分组就是同一组数据尽量是同一时间及同一生产作业条件生产的成品。不同组的数据尽量能代表不同时间或批次下生产的成品，以稳定的组内变异来检视组间的差异，才能分析特殊原因的存在。

(5) 样本

从一批产品中抽取一部分进行检验，被抽取的部分就叫作样本。也就是，样本是从群体中抽取的一部分个体的全体。

(6) 系统抽样

系统抽样是一种概率抽样方法，实验者以预先确定的固定间隔选择分布组分。如果总体顺序是随机的或类似随机的，那么此方法将提供一个代表性样本，可用于得出有关总体的结论。

(7) 数据的母体分布

每一个待测量，可以假想存在一个"真值"。假设只有随机误差而完全没有系统误差的情况下，如果对同一特性量，测量次数一直增加。则随机误差的影响使得测量值大于真值与小于真值的概率分布一样，则所有测量值的平均值，将随着测量次数的增加而越接近真值。

当测量次数等于无穷多次时，测量值的分布称为母分布。于是有限次数的算术平均值是对于真值所能给的最好的估计值。

(8) 计数值

计数值（离散数据、定性数据、属性数据）是指用计数的方法得到的非连续性的数据，一般表现为正整数。计数值不符合连续标准的任何测量。如：特性和属性、物体的数量、设备编号等。计数值可分为计件值和计点值。

(9) 计量值

计量值（连续数据、定量数据）是指可以用测量量具进行测量而得出的连续性的数据。计量值是无穷可分或连续变量。如：距离、质量、时间、温度、电流、长度、分贝等。

(10) 自由度

统计学上对于自由度的叙述是在不影响所收集数据所占用字段总数的情况下，数据被允许任意摆放之字段个数。也就是独立变量的个数。

2.3.2 集中趋势

(1) 平均数

代表数据整体的中心位置，以 $\bar{x}$ 或 $\overline{x}$ 为符号。设 x_1，x_2，$\cdots$，x_n 为数据，n 为样本大小，平均数定义为

$$\bar{x} = \frac{x_1 + x_2 + \cdots + x_n}{n} = \sum_{i=1}^{n} \frac{x_i}{n} \tag{2-4}$$

平均数提供了中心位置的量数，其算法是将所有数据值加总，再除以数据个数。

(2) 样本平均数

数据得自样本，平均数以 $\bar{x}$ 表示；如果数据得自母体，则以希腊字母 μ 代表。在统计公式中，常以 x_1 代表第一个数据值，x_2 为第二个数据值，x_i 为第 i 个数据值，以此类推。样本平均数的公式如下

$$\bar{x} = \frac{\sum x_i}{n} \tag{2-5}$$

式中 n——样本数据个数的总和。

(3) 母体平均数

计算母体平均数的公式与样本平均数相同，但需以不同的符号表示，是针

对整个母体。以 N 代表母体中的元素个数，而以 μ 代表母体平均数。

$$\mu = \frac{\sum x_i}{N} \tag{2-6}$$

平均数的计算方便而且容易理解，同性质及同重要性的数值所求得的平均数更具有代表性，当数值的个数充分多时，其代表性就很好；但是它易受极端值的影响。

（4）裁剪平均数

变量偶尔会含一个以上特别大或特别小值，这些值将严重地影响其平均数。为了不受这些异常值的影响，可从数据集中删除某些比例的特别大与特别小的数据值。由剩余的数据所求得的平均数即为裁剪平均数。

裁剪平均数可更有效地描述数据集的中心位置。裁剪平均数系先由数据的两端各删去 $\alpha\%$ 的数据项目，然后计算剩余项之平均数。例如：5% 裁剪平均数是指先删去 5% 的最小数据值与 5% 的最大数据值，然后以中间 90% 的数据计算 5% 裁剪平均数。

（5）几何平均数

$$G = \sqrt[n]{\prod_{i=1}^{n} x_i} \tag{2-7}$$

几何平均数是 n 个数值连乘之 n 次方根。若遇一群事实，其值变化大约按照一定的比例时，则几何平均数较为适用，例如：求物价指数及人口增长率等。

（6）调和平均数

$$H = \frac{N}{\sum \dfrac{1}{x_i}} \tag{2-8}$$

调和平均数是 n 个数值中各个数值倒数的算术平均数的倒数，应用范围小，通常仅在求平均速率及平均物价时会用到。

（7）中位数

当将数据项目由小到大依序排列时，位于中间位置的数据值即为中位数。中位数是数值由小而大作次序的排列，其居中的数值在其上下数目皆相同，此数值皆为中位数；若个数为偶数个，则中位数为最中间的两个数的平均；中位数为全体数据的中心，不受两端极值大小变化的影响。

中位数可由式（2-9）求得

$$\widetilde{x} = \begin{cases} x_{\left(\frac{n+1}{2}\right)} & （n \text{ 为奇数}） \\ \dfrac{x_{\left(\frac{n}{2}\right)} + x_{\left(\frac{n}{2}+1\right)}}{2} & （n \text{ 为偶数}） \end{cases} \tag{2-9}$$

中位数平均可由式（2-10）求得

$$\overline{\widetilde{x}} = \sum_{i=1}^{k} \frac{\widetilde{x}_i}{k} \tag{2-10}$$

（8）众数

众数是出现次数最多的数据值。有时候，众数并非唯一的，可能有两个以上的值皆具相同的最多次数。如果数据恰含两个众数，称此数据为双众数；如果多于两个众数，则称其为复众数。在复众数的情形下，甚少报告众数值，因为用这么多数值来描述中心位置并不恰当。众数是定性数据的一个重要的位置量数。

2.3.3 离散程度

（1）全距

全距是指数据中最大值与最小值之差距。一群观测值中，最大和最小观测值的差，称为全距。

一般来说，全距越大表示这一群观测值的差异性较大，但这只是一般状况，并不是绝对的。全距只是掌握在两个极端值上，对于其他的所有观测值一无所知，所以用它来表示观测值的差异性略嫌粗糙。

全距是最简单的离散度量数，但却很少使用，原因在于最大值与最小值的相减容易受极端值的影响。

（2）母体方差

各数据值 x_i 与平均数（样本平均数为 $\overline{x}$，母体平均数为 μ）的差称为对平均数的离差。对样本而言，离差写为 $x_i - \overline{x}$；而对母体而言，其为 $x_i - \mu$。

在计算方差时，需将对平均数的离差平方。若数据集为母体时，离差平方和的平均称为母体方差，记为希腊符号 σ^2。若一母体含有 N 个数据项目，且以 μ 代表其母体平均数，则母体方差的定义如下

$$\sigma^2 = \frac{\sum (x_i - \mu)^2}{N} \tag{2-11}$$

在许多统计应用上，所能运用的数据通常为样本数据。当计算样本的变异

程度时，常以样本统计量估计母体参数 σ^2。因此，对样本平均数的离差平方和之平均即是母体方差的一个极佳的估计值。统计学家已发现样本的均方差似乎有低估母体方差的情形，正因如此，认为前者是一偏误的估计值。

只要将离差值的平方和除以 $N-1$，而非 N 时，即可得样本统计量对母体方差的不偏估计值。

(3) 样本方差

$$S^2 = \frac{\sum (x_i - \bar{x})^2}{n-1} \tag{2-12}$$

$$S^2 = \frac{\sum x_i^2 - n\bar{x}}{n-1} \tag{2-13}$$

式中　x_i——样本的测量值；

$\bar{x}$——样本的平均值；

n——样本数目。

方差的最大目的是看数据的离散程度。当比较两个样本时，方差较大的样本，离散度也较大。

(4) 标准偏差

方差的正平方根。以 S 代表样本标准偏差

$$S = \sqrt{S^2} \tag{2-14}$$

σ 代表母体标准偏差

$$\sigma = \sqrt{\sigma^2} \tag{2-15}$$

在计算方差时，各数值的单位都取平方，标准偏差的衡量单位与原始数据无异。标准偏差通常更容易与平均数及其他和原始数据有相同单位的统计量来相互比较。

(5) 方差与标准 (偏) 差

设欲调查母体数据有 N 个观测值 $(x_i, i=1,2,\cdots,N)$，其平均值为 μ，各观测值偏差平方后之总和，$SS = \sum_{i=1}^{N}(x_i - \mu)^2$ 除以 N 即得一方差，特称此方差为变方，统计学上皆以 σ^2、$\text{Var}(X)$ 或 $V(X)$ 符号表示。方差单位为观测值单位的平方，即（观测值单位）^{2}。

方差数值都是正值，不会有负值出现，最小方差数值为 0，其代表每一个基本单位的观测值数值皆相等。

$E(X)$ 是随机变量 X 的期望值（重复多次测量随机变量 X，用所获得的

数值计算平均值）。

$$\sigma^2 = E\left[(x-\mu)^2\right]$$

$$= \sum_{i=1}^{N} \frac{(x_i-\mu)^2}{N} = \frac{\sum_{i=1}^{N}(x_i-\mu)^2}{N}$$

$$= \frac{1}{N} \times \sum_{i=1}^{N}(x_i-\mu)^2$$

$$= \frac{1}{N} \times \sum_{i=1}^{N}(x_i^2 - 2x_i\mu + \mu^2)$$

$$= \frac{1}{N} \times \left(\sum_{i=1}^{N} x_i^2 - 2\sum_{i=1}^{N} x_i\mu + \sum_{i=1}^{N} \mu^2\right)$$

$$= \frac{1}{N} \times \left(\sum_{i=1}^{N} x_i^2 - 2N\mu\mu + N\mu^2\right)$$

$$= \frac{1}{N} \times \left(\sum_{i=1}^{N} x_i^2 - N\mu^2\right)$$

$$= \frac{\sum_{i=1}^{N} x_i^2}{N} - \mu^2$$

$$= \frac{1}{N} \times \left[\sum_{i=1}^{N} x_i^2 - \frac{\left(\sum_{i=1}^{N} x_i\right)^2}{N}\right] \tag{2-16}$$

方差数值越大者代表观测值的分布越分散；方差数值愈小者代表观测值的分布越集中。

标准（偏）差以符号 σ 表示。标准（偏）差单位与观测值单位相同。标准（偏）差数值一定都是属于正值，不会有负值出现，最小标准（偏）差数值为0，代表每一个基本单位的观测值数值皆相等。母体标准（偏）差

$$\mathrm{SD} = \sigma = \sqrt{\sigma^2} = \sqrt{\frac{\sum_{i=1}^{N}(x_i-\mu)^2}{N}} \tag{2-17}$$

其中

$$\sum_{i=1}^{N}(x_i-\mu)^2$$

$$= \sum_{i=1}^{N} x_i^2 - 2\mu\sum_{i=1}^{N} x_i + \sum_{i=1}^{N} \mu^2$$

$$= \sum_{i=1}^{N} x_i^2 - 2 \frac{\sum_{i=1}^{N} x_i}{N} \times \sum_{i=1}^{N} x_i + N\mu^2$$

$$= \sum_{i=1}^{N} x_i^2 - 2 \frac{\left(\sum_{i=1}^{N} x_i\right)^2}{N} + N\left(\frac{\sum_{i=1}^{N} x_i}{N}\right)^2$$

$$= \sum_{i=1}^{N} x_i^2 - \frac{\left(\sum_{i=1}^{N} x_i\right)^2}{N} \tag{2-18}$$

所以

$$\sigma = \sqrt{\frac{\sum_{i=1}^{N} (x_i - \mu)^2}{N}} = \sqrt{\frac{\sum_{i=1}^{N} x_i^2 - \frac{\left(\sum_{i=1}^{N} x_i\right)^2}{N}}{N}} = \frac{\sqrt{N \sum_{i=1}^{N} x_i^2 - \left(\sum_{i=1}^{N} x_i\right)^2}}{N}$$

$$\tag{2-19}$$

(6) 变异系数

当两个数据集的标准偏差与平均数皆不等时，变异系数 CV 是比较两个数据集离散度的有效统计量。

$$CV = \frac{S}{\overline{x}} \times 100\% \tag{2-20}$$

(7) 共方差

母体数据中变量 x 和变量 y 的共变（异）数以 $Cov(x,y)$ 或 σ_{xy} 符号表示，共方差单位为 x 观测值单位×y 观测值单位。母体共变（异）数为

$$Cov(x,y) = \sigma_{xy} = \frac{\sum_{i=1}^{N} [(x_i - \mu_x)(y_i - \mu_y)]}{N}$$

$$= \frac{\sum_{i=1}^{N} [x_i y_i - x_i \mu_y - \mu_x y_i + \mu_x \mu_y]}{N}$$

$$= \frac{\sum_{i=1}^{N} (x_i y_i)}{N} - \frac{\sum_{i=1}^{N} (x_i \mu_y)}{N} - \frac{\sum_{i=1}^{N} (\mu_x y_i)}{N} + \frac{\sum_{i=1}^{N} (\mu_x \mu_y)}{N}$$

$$= \frac{\sum_{i=1}^{N} (x_i y_i)}{N} - \mu_x \mu_y - \mu_x \mu_y + \frac{N\mu_x \mu_y}{N}$$

$$= \frac{\sum\limits_{i=1}^{N}(x_i y_i)}{N} - \mu_x\mu_y - \mu_x\mu_y + \mu_x\mu_y$$

$$= \frac{\sum\limits_{i=1}^{N}(x_i y_i)}{N} - \mu_x\mu_y = E(XY) - E(X)E(Y) \tag{2-21}$$

样本数据中变量 x 和变量 y 的共变（异）数以 $\mathrm{Cov}(x,y)$ 或 S_{xy} 符号表示，共方差单位为 x 观测值单位×y 观测值单位。样本共变（异）数为

$$\mathrm{Cov}(x,y) = S_{xy} = \frac{\sum\limits_{i=1}^{n}[(x_i - \bar{x})(y_i - \bar{y})]}{n-1} \tag{2-22}$$

共方差可能出现的三种情境如下：

① 共方差大于 0（正值），表示 x_i 与 y_i 有正向的线性关系，当 x_i 值越高时，y_i 值亦越高。

② 共方差趋近于 0，表示 x_i 和 y_i 之间无线性关系存在，x_i 与 y_i 值没有线性的共变关系；共方差趋近于 0 时，亦有可能存在抛物线、钟形、圆形的关系，故当共方差趋近于 0 时，仅能推测 x_i 与 y_i 值之间没有线性关系存在，不能推论 x_i 与 y_i 值之间没有关系存在，其有可能具有圆形的关系。

③ 共方差小于 0（负值），表示 x_i 与 y_i 有反向的线性关系，当 x_i 值越高时，y_i 值越低。

(8) 共方差特性

① 共方差绝对值的大小，代表线性化程度的高低或共同变异程度（关系）的大小。

② 共方差数值高低会受 x 与 y 观测值（数值）评量单位的影响。

③ 共方差数值因受 x 与 y 观测值（数值）评量单位影响，其含义解释不易。

④ 将其中一个变量乘（除）以一个常数（c），另一个变量不动，其新的共方差为原始共方差乘（除）该常数。新样本共变（异）数为

$$\mathrm{Cov}(x,c\times y) = S_{xc\times y} = \frac{\sum\limits_{i=1}^{n}[(x_i - \bar{x})(cy_i - c\bar{y})]}{n-1}$$

$$= \frac{c\times\sum\limits_{i=1}^{n}[(x_i - \bar{x})(y_i - \bar{y})]}{n-1} = c\times S_{xy} \tag{2-23}$$

2.3.4　品管统计

（1）估计平均数

$\hat{\mu}$：制程平均数估计值；即制程目前特性值的中心位置。

（2）良率

良率又称合格率，一批产品生产出来后，经过规范检测，检测出来的合格产品占产品总数的比例，就叫产品合格率。

合格率＝（合格产品数/产品总数）×100％。

（3）不良率

不良品率＝（一定期限内的不良品数量/一定期限内产品总量）×100％。

（4）估计不良率

制程特性分布为常态时，可用标准常态分布右边概率估计。

（5）拒收质量水平

指买方认为质量恶劣应判不合格群体之最低不良率。

（6）每百万分之缺点数

每百万分之缺点数是一种量化的衡量总标准，以百万次计算发生的概率。例如六标准偏差即强调产品或服务的质量每一百万次要低于 3.4，不良率越低表示质量越稳定和良好。

① 检查 1000 个单位的产品，发现 2 个不合格，不良率＝2000 个/百万次。

② 检查一百万个单位的产品，发现 2 个不合格，不良率＝2 个/百万次。

2.4　假设检验

2.4.1　假设检验说明

当希望借由统计的方法来协助进行推论时，会先针对结果提出假设，并希望能够利用有限的数据加以证实提出的假设。而假设检验就是一种用来检验统计假设的方法。

在统计学中，判断一个关于群体的数据叙述是否为真，就称为对群体的检验。对于一统计假设，要去检验是否接受，这整个过程，便称假设检验，或称统计检验，或简称检验。

而导致接受或拒绝一统计假设的步骤，就是统计推论的主要工作。不论虚无假设，或对立假设，都只是假设，而非如数学中的命题。对于命题，可以证明它是真或伪。对于假设，就是决定接受或不接受，不表示就完全相信该假设为真：有可能是虽不满意但可以接受，也有可能是无可奈何地接受。

在研究的过程中，要提出一个强而有力的证据来证明假设为真是不容易的，因此在进行假设检定的过程中，会先将结果分成两种相反的决策：虚无假设（H_0）和对立假设（H_1），并利用反证法来证实推论。

对于进行假设检定的目标，不是在于证明立论为真，而是希望能够有足够的证据可以推翻相反的立论。因此，通常会将希望推翻的目标设为虚无假设（H_0）、将期望证实的结果设为对立假设（H_1），并期望可以通过推翻虚无假设来证实推论。

根据 H_0 所定范围的差异，可将假设检验分成两种：单尾检验以及双尾检验。其中，单尾检验又可细分为右尾检验和左尾检验。当样本检验量越大，越容易拒绝 H_0 时，即为右尾检验；反之，当样本检验量越小，越容易拒绝 H_0 时，就称为左尾检验；若样本检验量越大或越小均可能拒绝 H_0 时，则为双尾检验。单尾检验与双尾检验见图 2-4。

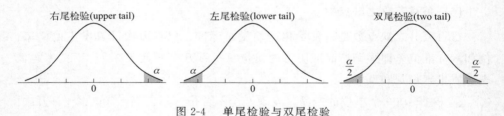

图 2-4　单尾检验与双尾检验

在假设检验中，有虚无假设 H_0。假设检验的目的是利用统计的方式，推翻虚无假设的成立，也就是对立假设（H_a 或 H_1）成立。

若虚无假设事实上成立，但统计检验的结果拒绝虚无假设，接受对立假设，这种错误称为型一错误，也就是"弃真"。若虚无假设事实上不成立，但统计检验的结果不拒绝虚无假设，这种错误称为型二错误，也就是"存伪"。虚无假设与对立假设关系见表 2-1。

理想状况当然是两型错误之概率皆为 0。奈曼（Neyman）-皮尔生（Pearson）的做法是，先给定型一错误的概率，为一比较小的值，然后设法决定拒绝，即何时拒绝 H_0。不落在拒绝域就落在接受域。型一错误的概率，常以符号 α 表示，即

$$\alpha = P(\text{拒绝 } H_0 | H_0 \text{ 为真})$$

表 2-1　虚无假设与对立假设关系

项目		真实情况	
		H_0（虚无假设）为真	（对立假设）为真
根据研究结果的判断	拒绝 H_0	• 错误判断（伪阳性） • 型一错误 • 发生概率 α（显著水平）	• 正确判断 • 发生概率 $1-\beta$（检验力）
	不拒绝 H_0	• 正确判断 • 发生概率 $1-\alpha$	• 错误判断（伪阴性） • 型二错误 • 发生概率 β

上述 α 也称为检验之显著水平，如果观测值落在拒绝域中，可说所获得之资料，或说实验结果具显著性，足以拒绝 H_0。

检验力是，在假设检验中是指当对立假设（H_a，或记作 H_1）为真时正确地拒绝虚无假设（H_0）的概率，即

$$\beta = P(拒绝\ H_0 \mid H_a\ 为真)$$

换言之，检验力也可以看作是当对立假设为真时将其接受的概率。当检验力增加时，型二错误出现的概率，即伪阴性率（β）减少。此时，检验力可以表示为（$1-\beta$）。

在理想上，会希望正确率越高越好，然而在实务上，受限于技术与费用，发生检验错误是在所难免的，因此当在进行假设检验时，会控制型一误差的发生，给定一个容许型一误差发生的上限，称为显著水平（α）。

给定显著水平后，便可以开始进行检验。检验统计假设的方法主要有两种：临界值法和 p 值法。

使用临界值法时，一般会给定拒绝域（拒绝 H_0 的区域）以及接受域（不拒绝 H_0 的区域）。当检验统计量落入拒绝域时，则表示的样本有足够的证据来拒绝 H_0；反之，当检验统计量落入接受域的时候，就表示的样本信息没有足够的证据来拒绝 H_0。

使用 p 值法时，会在 H_0 为真的条件下，计算拒绝 H_0 的最大概率。若 p 值小于 α，则拒绝虚无假设（H_0），否则便无法拒绝 H_0。

2.4.2　临界值检验法

临界值检验法或临界点检验法，在验证过程中，先决定显著水平 α，依据显著水平 α 计算临界点或临界值 $\bar{x}^*$ 数值，判别虚无假设接受区域和拒绝区域，依据样本统计值——样本平均值 $\bar{x}$ 判断是位于虚无假设接受区域或拒绝

区域，提出接受或拒绝虚无假设的推论。

(1) 右尾检验

① 虚无假设 H_0：$\mu \leqslant \mu_0$。

② 对立假设 H_1：$\mu > \mu_0$。

样本平均值临界值

$$\bar{x}^* = \mu_0 + z_\alpha \sigma_{\bar{x}} = \mu_0 + z_\alpha \times \frac{\sigma}{\sqrt{n}} \tag{2-24}$$

若检验统计值 $\bar{x} \leqslant$ 临界值 $\bar{x}^*$，检验统计值位于虚无假设接受区域内，则接受虚无假设 H_0。

若检验统计值 $\bar{x} >$ 临界值 $\bar{x}^*$，检验统计值不位于虚无假设接受区域内，拒绝虚无假设 H_0，接受对立假设 H_1。

(2) 左尾检验

① 虚无假设 H_0：$\mu \geqslant \mu_0$。

② 对立假设 H_1：$\mu < \mu_0$。

样本平均值临界值

$$\bar{x}^* = \mu_0 - z_\alpha \sigma_{\bar{x}} = \mu_0 - z_\alpha \times \frac{\sigma}{\sqrt{n}} \tag{2-25}$$

若检验统计值 $\bar{x} \geqslant$ 临界值 $\bar{x}^*$，检验统计值位于虚无假设接受区域内，接受虚无假设 H_0。

若检验统计值 $\bar{x} <$ 临界值 $\bar{x}^*$，检验统计值不位于虚无假设接受区域内，拒绝虚无假设 H_0，接受对立假设 H_1。

(3) 双尾检验

① 虚无假设 H_0：$\mu = \mu_0$。

② 对立假设 H_1：$\mu \neq \mu_0$。

样本平均值左侧临界值

$$\bar{x}_{\mathrm{L}}^* = \mu_0 - Z_{\frac{\alpha}{2}} \sigma_{\bar{x}} = \mu_0 - Z_{\frac{\alpha}{2}} \times \frac{\sigma}{\sqrt{n}} \tag{2-26}$$

样本平均值右侧临界值

$$\bar{x}_{\mathrm{H}}^* = \mu_0 + Z_{\frac{\alpha}{2}} \sigma_{\bar{x}} = \mu_0 + Z_{\frac{\alpha}{2}} \times \frac{\sigma}{\sqrt{n}} \tag{2-27}$$

若左侧临界值 $\bar{x}_{\mathrm{L}} \leqslant$ 检验统计值 $\bar{x} \leqslant$ 右侧临界值 $\bar{x}_{\mathrm{H}}$，检验统计值位于虚无假设接受区域内，则接受虚无假设 H_0。

若检验统计值 $\bar{x}<$ 左侧临界值 $\bar{x}_L$ 或检验统计值 $\bar{x}>$ 右侧临界值 $\bar{x}_H$，检验统计值不位于虚无假设接受区域内，则拒绝虚无假设 H_0，接受对立假设 H_1。

2.4.3　概率检验法

在前面叙述的临界点检验法验证过程中，皆须设定显著水平 α 值，才能计算临界值，进行验证、检验程序。不同的显著水平 α，如 0.01、0.05 和 0.10，会产生不同的临界值，若临界值改变时，所进行的推论可能会产生差异。

概率检验法或 p 值检验法是依据样本统计值——样本平均值 $\bar{x}$，估算其概率值或 p 值，再依据概率值或 p 值的高低，进行拒绝或接受虚无假设 H_0 的判定。p 值亦被称为受观测的显著水平或概率值。可以视为拒绝虚无假设 H_0，接受对立假设 H_1 最小显著水平的数值。p 值越小时，显示由样本统计值——样本平均值 $\bar{x}$ 提供否决虚无假设 H_0 的证据力越强。

(1) 概率检验法或 p 值检验法的假设检验标准

若概率 $p \geqslant$ 显著水平 α，则接受虚无假设 H_0，拒绝对立假设 H_1。

若概率 $p <$ 显著水平 α，则拒绝虚无假设 H_0，接受对立假设 H_1。

(2) 右尾检验

虚无假设 H_0：$\mu \leqslant \mu_0$。对立假设 H_1：$\mu > \mu_0$。

概率 p 值代表虚无假设 H_0：$\mu \leqslant \mu_0$ 成立时，所有可能样本平均值 $\bar{x}$ 会大于等于某次（观测）样本平均值 $\bar{x}^*$ 或 $\bar{x}_0$ 的概率。因此，概率 p 值即是在常态分布曲线下高于（大于）临界值 $\bar{x}^*$ 或标准化临界值 z^* 的概率。

$$p = P(\bar{x} \geqslant \bar{x}^* \mid H_0 : \mu \leqslant \mu_0) = P(Z \geqslant z^*) = P\left(Z \geqslant \frac{\bar{x}^* - \mu_0}{\frac{\sigma}{\sqrt{n}}}\right)$$

$$= 1 - P\left(Z < \frac{\bar{x}^* - \mu_0}{\frac{\sigma}{\sqrt{n}}}\right) \tag{2-28}$$

式中　$\bar{x}^*$——某次（观测）样本平均值；

z^*——某次（观测）样本平均值的标准化数值；

μ_0——假设值。

(3) 左尾检验

虚无假设 H_0：$\mu \geqslant \mu_0$。对立假设 H_1：$\mu < \mu_0$。

概率 p 值代表虚无假设 H_0：$\mu \geqslant \mu_0$ 成立时，所有可能样本平均值 $\bar{x}$ 会小于等于某次（观测）样本平均值 $\bar{x}^*$ 或 $\bar{x}_0$ 的概率。因此，概率 p 值即是在常态分布曲线下低于（小于）临界值 $\bar{x}^*$ 或标准化临界值 z^* 的概率。

$$p = P(\bar{x} \leqslant \bar{x}^* \mid H_0 : \mu \geqslant \mu_0) = P(Z \leqslant z^*) = P\left(Z \leqslant \frac{\bar{x}^* - \mu_0}{\frac{\sigma}{\sqrt{n}}}\right) \quad (2\text{-}29)$$

式中　$\bar{x}^*$——某次（观测）样本平均值；

　　　z^*——某次（观测）样本平均值的标准化数值；

　　　μ_0——假设值。

（4）双尾检验

虚无假设 $H_0 : \mu = \mu_0$。对立假设 $H_1 : \mu \neq \mu_0$。

概率 p 值代表虚无假设 $H_0 : \mu = \mu_0$ 成立时，所有可能样本平均值 $\bar{x}$ 大于等于或小于等于某次（观测）样本平均值 $\bar{x}^*$ 或 $\bar{x}_0$ 概率值的 2 倍。因此，概率 p 值即是在常态分布曲线下低于（小于）临界值 $\bar{x}_L^*$ 或标准化临界值 z_L^* 和高于（大于）临界值 $\bar{x}_H^*$ 或标准化临界值 z_H^* 的概率和。

若 $\bar{x}^* > \mu_0$：某次（观测）样本平均值 $\bar{x}^*$ 大于假设值 μ_0 时

$$p = 2 \times P(\bar{x} \geqslant \bar{x}^* \mid H_0 : \mu = \mu_0) = 2 \times P(Z \geqslant z^*) = 2 \times P\left(Z \geqslant \frac{x^* - \mu_0}{\frac{\sigma}{\sqrt{n}}}\right)$$

$$(2\text{-}30)$$

若 $\bar{x}^* < \mu_0$：某次（观测）样本平均值 $\bar{x}^*$ 小于假设值 μ_0 时

$$p = 2 \times P(\bar{x} \leqslant \bar{x}^* \mid H_0 : \mu = \mu_0) = 2 \times P(Z \leqslant z^*) = 2 \times P\left(Z \leqslant \frac{\bar{x}^* - \mu_0}{\frac{\sigma}{\sqrt{n}}}\right)$$

$$(2\text{-}31)$$

式中　$\bar{x}^*$——某次（观测）样本平均值；

　　　z^*——某次（观测）样本平均值的标准化数值；

　　　μ_0——假设值。

2.4.4　检验过程

在实际的应用上，假设检验发挥了重要作用。假设检验大致有如下步骤：

① 最初研究假设为真相不明。

② 提出相关的虚无假设和对立假设。

③ 考虑检验中对样本做出的统计假设；例如，关于母体数据的分布形式或关于独立性的假设。无效的假设将意味此检验的结果是无效的。

④ 选择一个显著水平（α），若低于这个概率阈值，就会拒绝虚无假设。最常用的是 5％ 和 1％。

⑤ 选择适合的检验统计量 T。

⑥ 在设定虚无假设为真下，推导检验统计量的分布。在标准情况下应该会得出一个熟知的结果。比如检验统计量可能会符合常态分布或司徒顿 t 分布。

⑦ 根据在虚无假设成立时的检验统计量 t 分布，找到概率为显著水平（α）的区域，此区域称为"拒绝域"，即在虚无假设成立的前提下，落在拒绝域的概率只有 α。

⑧ 针对检验统计量 T，根据样本计算其估计值 T_{obs}。

⑨ 若估计值 T_{obs} 未落在拒绝域，则"不拒绝"虚无假设（H_0）。若估计值 T_{obs} 落在拒绝域，则拒绝虚无假设，接受对立假设。

要注意的是一般不会将检验结果称作"接受"虚无假设，而是因没有显著证据证明虚无假设为非，所以"不拒绝"虚无假设。

2.5　t 检验

t 检验是指虚无假设成立时的任一检验统计有司徒顿 t 分布的统计假设检验，属于母数统计。t 检验常作为检验一群来自常态分布母体的独立样本之期望值是否为某一实数，或是两群来自常态分布母体的独立样本之期望值的差是否为某一实数。

（1）常见应用

① 单样本检验：检验一个常态分布的母体的均值是否在满足虚无假设的值域之内。

② 独立样本 t 检验（双样本）：其虚无假设为两个常态分布的母体的均值之差为某实数。若两母体的方差相等（同质方差），自由度为两样本数相加再减二；若为异质方差（母体方差不相等），自由度则为 Welch 自由度，有时被称为 Welch 检验。

③ 配对样本 t 检验（成对样本 t 检验）：检验自同一母体抽出的成对样本间差异是否为零。

④ 检验一回归模型的偏回归系数是否显著不为零，即检验解释变量 X 是

否存在对被解释变量 Y 的解释能力，其检验统计量称为 t 统计量。

（2）前提假设

大多数的 t 检验之统计量具有 $t = Z/s$ 的形式，其中 Z 与 s 是已知数据的函数。Z 通常被设计成与对立假设有关的形式，而 s 是一个比例母数使 t 服从于 t 分布。以单样本 t 检验为例，$Z = \bar{x} / (\sigma/\sqrt{n})$，其中 $\bar{x}$ 为样本平均数，n 为样本数，σ 为母体标准偏差。至于 s，在单样本 t 检验中为样本的标准偏差。在符合零假设的条件下，t 检验有以下前提：

① Z 服从标准常态分布；

② $(n-1)s^2$ 服从自由度 $(n-1)$ 的卡方分布；

③ Z 与 s 互相独立。

2.5.1　单样本 t 检验

当一群来自常态分布独立样本 x_i 的母体期望值 μ 为 μ_0 时，可利用以下统计量

$$t = \frac{\bar{x} - \mu_0}{S/\sqrt{n}} \tag{2-32}$$

式中，$\bar{x} = \dfrac{\sum\limits_{i=1}^{n} x_i}{n}$ 为样本平均数；$S = \sqrt{\dfrac{\sum\limits_{i=1}^{n} (x_i - \bar{x})^2}{n-1}}$ 为样本标准偏差；n 为样本数。

该统计量 t 在虚无假设 $\mu = \mu_0$ 为真的条件下服从自由度为 $n-1$ 的 t 分布。

2.5.2　配对样本 t 检验

配对样本 t 检验可视为单样本 t 检验的扩展，不过检验的对象由一群来自常态分布独立样本更改为两配对样本观测值之差。

若两配对样本 x_{1i} 与 x_{2i} 之差为 $d_i = x_{1i} - x_{2i}$ 独立且来自常态分布，则 d_i 之母体期望值 μ 是否为 μ_0 可利用以下统计量表示

$$t = \frac{\bar{d} - \mu_0}{S_d/\sqrt{n}} \tag{2-33}$$

式中，$\bar{d} = \dfrac{\sum\limits_{i=1}^{n} d_i}{n}$ 为样本平均数；$S_d = \sqrt{\dfrac{\sum\limits_{i=1}^{n} (d_i - \bar{d})^2}{n-1}}$ 为样本标准偏差；

n 为样本数。

该统计量 t 在虚无假设 $\mu = \mu_0$ 为真的条件下服从自由度为 $n-1$ 的 t 分布。

2.5.3 独立双样本t检验

(1) 同质方差假设、样本数相等

若两独立样本 x_{1i} 与 x_{2i} 具有相同的样本数 n，且来自两个母体方差相同（同质方差假设）的常态分布，则两母体之期望值差 $\mu_1 - \mu_2$ 是否为 μ_0 可利用以下统计量表示

$$t = \frac{\bar{x}_1 - \bar{x}_2 - \mu_0}{\sqrt{2S_p^2/n}} \qquad (2\text{-}34)$$

式中，$\bar{x}_1 = (\sum\limits_{i=1}^{n} x_{1i})/n$；$\bar{x}_2 = (\sum\limits_{i=1}^{n} x_{2i})/n$ 为样本平均数；$S_p^2 = [\sum\limits_{i=1}^{n}(x_{1i} - \bar{x}_1)^2 + \sum\limits_{i=1}^{n}(x_{2i} - \bar{x}_2)^2]/(2n-2)$ 为样本标准偏差；n 为样本数。

该统计量 t 在虚无假设 $\mu = \mu_0$ 为真的条件下服从自由度为 $2n-2$ 的 t 分布。

(2) 异质方差假设

若两独立样本 x_{1i} 与 x_{2j} 具有相同或不相同的样本数 n_1 与 n_2，且两者母体方差不相等（异质方差假设）的常态分布，则两母体之期望值之差 $\mu_1 - \mu_2$ 是否为 μ_0 可利用以下统计量表示

$$t = \frac{\bar{x}_1 - \bar{x}_2 - \mu_0}{\sqrt{S_p^2/n_1 + S_p^2/n_2}} \qquad (2\text{-}35)$$

式中，$\bar{x}_1 = (\sum\limits_{i=1}^{n} x_{1i})/n$ 及 $\bar{x}_2 = (\sum\limits_{i=1}^{n} x_{2i})/n$ 为样本平均数；$S_p^2 = [\sum\limits_{i=1}^{n}(x_{1i} - \bar{x}_1)^2 + \sum\limits_{j=1}^{n}(x_{2j} - \bar{x}_2)^2]/(n_1 + n_2 - 2)$ 为样本标准偏差；n 为样本数。

该统计量 t 在虚无假设 $\mu = \mu_0$ 为真的条件下服从自由度为 $n_1 + n_2 - 2$ 的 t 分布。

(3) 同质方差假设、样本数不相等

若两独立样本 x_{1i} 与 x_{2j} 具有不相同之样本数 n_1 与 n_2，且来自两个母体方差相同（同质方差假设）的常态分布，则两母体之期望值之差 $\mu_1 - \mu_2$ 是否为 μ_0 可利用以下统计量表示

$$t = \frac{\bar{x}_1 - \bar{x}_2 - \mu_0}{\sqrt{S_1^2/n_1 + S_2^2/n_2}} \qquad (2\text{-}36)$$

式中，$\bar{x}_1 = (\sum\limits_{i=1}^{n} x_{1i})/n$ 及 $\bar{x}_2 = (\sum\limits_{i=1}^{n} x_{2i})/n$ 为样本平均数；$S_1^2 = [\sum\limits_{i=1}^{n}(x_{1i}-\bar{x}_1)^2]/(n_1-1)$，$S_2^2 = [\sum\limits_{j=1}^{n}(x_{2j}-\bar{x}_2)^2]/(n_2-1)$ 为样本标准偏差；n 为样本数。

该统计量 t 在虚无假设 $\mu = \mu_0$ 为真的条件下服从自由度为

$$df = \frac{(S_1^2/n_1 + S_2^2/n_2)^2}{(S_1^2/n_1)^2/(n_1-1) + (S_2^2/n_2)^2/(n_2-1)} \qquad (2\text{-}37)$$

的 t 分布。这种方法又常称为 Welch 检验。

2.6 F 检验

F 检验，亦称联合假设检验、方差比例检验、方差齐性检验。它是一种在虚无假设之下，统计值服从 F 分布的检验。其通常用来分析用了超过一个参数的统计模型，以判断该模型中的全部或一部分参数是否适合用来估计母体。

(1) F 检验的功能

① 用来检验两个统计量是否估计相等的方差。大的 F 值表示分子的统计量可能估计较大的方差。

② F 检验亦称为方差比例检验。

③ 两组样本大小分别为 n_1 和 n_2 的两组样本取自同一个常态分布，则此母体方差的两个估计值 $\hat{\sigma}_1^2$ 和 $\hat{\sigma}_2^2$ 应近似相等。若比值 $\hat{\sigma}_1^2/\hat{\sigma}_2^2$ 不接近于 1，那就有理由认为这两个样本可能来自不同的母体。

④ 设有两组独立的随机样本 $X_1, \cdots, X_{n_1}$；$Y_1, \cdots, Y_{n_2}$。分别有 $N(\mu_1, \sigma_1^2)$ 及 $N(\mu_1, \sigma_2^2)$ 分布。又以 S_1^2，S_2^2 分别表两组样本之样本方差。欲检验

$$H_0: \sigma_1^2/\sigma_2^2 = 1$$

先设 μ_1，μ_2 皆为已知。则

$$\frac{\sum\limits_{i=1}^{n_1}(X_i - \mu_1)^2/(n_1\sigma_1^2)}{\sum\limits_{j=1}^{n_2}(Y_j - \mu_2)^2/(n_2\sigma_2^2)} \sim F_{n_1, n_2} \qquad (2\text{-}38)$$

若 μ_1，μ_2 皆为未知，而 H_0 为真时，则

$$\frac{S_1^2}{S_2^2} \sim F_{n_1-1, n_2-1} \tag{2-39}$$

方差齐性是方差分析和一些均数比较 t 检验的重要前提，利用 F 检验进行方差齐性检验是最原始的，但对数据要求比较高。

(2) 检验原理

记两独立总体为

$$\boldsymbol{X}_1 \sim N(\mu_1, \sigma_1^2), \boldsymbol{X}_2 \sim N(\mu_2, \sigma_2^2)$$

从两总体中抽取的样本为

$$X_{1i}(i=1,2,\cdots,n_1), \ X_{2j}(j=1,2,\cdots,n_2)$$

定义样本均值和样本方差

$$\overline{X}_1 = \frac{1}{n_1}\sum_{i=1}^{n_1} X_{i1}, S_1^2 = \frac{1}{n_1-1}\sum_{i=1}^{n_1}(X_{i1}-\overline{X}_1)^2$$

$$\overline{X}_2 = \frac{1}{n_2}\sum_{i=1}^{n_2} X_{i2}, S_2^2 = \frac{1}{n_2-1}\sum_{i=1}^{n_2}(X_{i2}-\overline{X}_2)^2$$

方差齐性双侧检验的原假设和备择假设

$$H_0: \sigma_1^2 = \sigma_2^2, \text{即两总体方差相等}$$

$$H_0: \sigma_1^2 \neq \sigma_2^2, \text{即两总体方差不等}$$

由 F 分布的构造定义

$$\frac{S_1^2/\sigma_1^2}{S_2^2/\sigma_2^2} \sim F(n_1-1, n_2-1)$$

其中 n_1-1，n_2-1 分别为分子自由度和分母自由度。

在 H_0 成立的条件下，即 $\sigma_1^2 = \sigma_2^2$ 成立的条件下

$$\frac{S_1^2}{S_2^2} \sim F(n_1-1, n_2-1) \tag{2-40}$$

一般约定取较大的方差作为分子，较小的方差作为分母，这样计算出来的 $F>1$，缩小了范围，便于查表做出结论。给定显著性水平 α，利用样本数据计算统计量 $F_1 = \frac{S_1^2}{S_2^2}$，若 $F_1 > F_{\alpha,(n_1-1, n_2-1)}$，这在一次抽样中几乎是不可能发生的（其发生的可能性为 p 值），此时拒绝原假设，认为方差不齐，否则就不拒绝原假设（即认为方差齐）。

对于单侧检验

$$H_0 : \sigma_1^2 < \sigma_2^2$$

$$H_1 : \sigma_1^2 \geqslant \sigma_2^2$$

若利用样本计算出来的统计量 $\dfrac{S_1^2}{S_2^2} = F_2 > F_{\alpha, (n_1-1, n_2-1)}$，则拒绝原假设，

否则不拒绝原假设。

对于单侧检验

$$H_0 : \sigma_2^2 < \sigma_1^2$$

$$H_1 : \sigma_2^2 \geqslant \sigma_1^2$$

若 $\dfrac{S_1^2}{S_2^2} = F_2 > F_{\alpha, (n_1-1_1, n_2-1)}$，则拒绝原假设，否则不拒绝原假设。

2.7 方差分析

方差分析是一种进行完实验后的判断判定方法。统计学中的方差分析是检验有关常态分析的一种"统计分析技巧"。确定变量是常态分布时，可以用传统的统计检验方式，找出较显著的因子而改善。

事实上方差分析是把变异分割，以决定哪一个因子所造成的变异最大。另一特点是可以求出误差项的变异，作为估计实验误差的参考。要特别注意的是：特性 Y 的分布最好能确知其为常态分布，并使用方差分析以决定因子效应的大小。这是由于检验各因子的统计量系由 Y 的常态分布转成 F 分布。

方差分析将一组数据的变异，依可能发生的变异来源，分割为数个部分；测度这些不同的变异来源，可了解各种变异是否有显著差异；若有差异，则表示某一变异来源对资料具有显著的影响作用。

2.7.1 方差分析说明

方差分析检验三个（含）以上的母体平均值是否相等，或验证三个水平（含）以上的自变量、独立变量、实验变量或因子对因变量是否有影响。可视为验证样本平均值之差是否达到显著性水平的一种程序。

进行方差分析的假设（先决条件、预设条件）包括：

① 所有母体的观测变量分布情况皆属于常态分布。

② 所有母体的观测变量之方差 σ^2 皆相等、同构型或具有齐一性。

③ 随机抽取自各母体的样本皆相互独立。

④ 自变量或独立变量对因变量的影响具有固定性或一致性。

2.7.2　单因子方差分析

(1) 方差分析表

表 2-2 为一个完全随机化设计，独立样本的实验观测数据。

表 2-2　完全随机化设计，独立样本实验观测数据表

处理（k）	观测值（n）				总和	平均
1	y_{11}	y_{12}	$\cdots$	y_{1n}	$y_{1.}$	$\overline{y_{1.}}$
2	y_{21}	y_{22}	$\cdots$	y_{2n}	$y_{2.}$	$\overline{y_{2.}}$
$\cdots$	$\cdots$	$\cdots$	$\cdots$	$\cdots$	$\cdots$	$\cdots$
k	y_{k1}	y_{k2}	$\cdots$	y_{kn}	$y_{k.}$	$\overline{y_{k.}}$
总计					$y_{..}$	$\overline{y}$

其中

y_{ij} 为处理 i 的第 j 个观测值；

n_i 为处理 i 的样本观测值个数；

$y_{i.} = \sum\limits_{j=1}^{n_i} y_{ij}$ 为处理 i 下的样本观测值总和；

$y_{..} = \sum\limits_{i=1}^{k} y_{i.} = \sum\limits_{i=1}^{k} \sum\limits_{j=1}^{n_i} y_{ij}$ 为所有样本观测值总和；

$\overline{y}_{i.} = y_{i.}/n_i$ 为所有样本观测值平均数；

$\overline{y}_{..} = \dfrac{1}{k} \sum\limits_{i=1}^{k} \overline{y}_i$ 为处理 i 的样本观测值平均数。

方差分析的计算可以通过方差分析表清楚地呈现，常见的方差分析见表 2-3。

① 不论各种处理的平均值相等与否，MS_E 均是误差项 ε_{ij} 的变异数 σ^2 的不偏估计式。其原因是随机出现的误差并不会受到 μ_i 的影响。

② 若在虚无假设 H_0 成立下，则 $E[MS_A] = E[MS_E] = \sigma^2$，故在 H_0 假设下，MS_A 和 MS_E 均为 σ^2 的不偏估计量。反之，若 μ_i 不全相等（即拒绝 H_0），则 $E[MS_A] > E[MS_E] = \sigma^2$，即只要 μ_i 不全相等，则 MS_A 恒大于 MS_E。

表 2-3　方差分析表

变异来源	平方和	自由度	均方	F 值
样本间变异或组间变异	$SS_A = \sum\limits_{i=1}^{k} n_i (\bar{y}_{i.} - \bar{y}_{..})^2$	$k-1$	$MS_A = \dfrac{SS_A}{k-1}$	$F = MS_A / MS_E$
样本内变异、组内变异或误差	$SS_E = \sum\limits_{i=1}^{k} \sum\limits_{j=1}^{n_i} (y_{ij} - \bar{y}_{i.})^2$	$n-k$	$MS_E = \dfrac{SS_E}{n-k}$	
合计	$SS_T = \sum\limits_{i}^{k} \sum\limits_{j}^{n_i} (y_{ij} - \bar{y}_{.})^2$	$n-1$		

所以依据假说设定，

$H_0: \mu_1 = \mu_2 = \mu_3 = \cdots = \mu_k$ 所有母体平均值皆相等。

$H_1: \mu_i \neq \mu_j \ (i \neq j)$ 所有母体平均值不全部相等。

可以求得

$$\begin{cases} H_0 : E[MS_A] = E[MS_E] \\ H_1 : E[MS_A] > E[MS_E] \end{cases}$$

又

$$\begin{cases} E[MS_E] = \sigma^2 \\ E[MS_A] = \sigma^2 + \sum n_i (\mu_i - \mu)/(k-1) \end{cases}$$

则 H_0 为真时，母体为常态分布的基本假设下

$$\begin{cases} SS_A/\sigma^2 \sim \chi^2(k-1) \\ SS_E/\sigma^2 \sim \chi^2(n-k) \end{cases}$$

且 SS_A/σ^2 与 SS_E/σ^2 互为独立，则

$$F = \frac{\dfrac{SS_A}{\sigma^2}/(k-1)}{\dfrac{SS_E}{\sigma^2}/(n-k)} = \frac{MS_A}{MS_E} \sim F(k-1, n-k)$$

当 F 值越大（即 MS_A 越大于 MS_E），表示 μ_i 不相等，故应拒绝虚无假设 H_0。

(2) 单因子变异数分析模式

$$y_{ij} = \mu_i + \varepsilon_{ij} = \mu + \alpha_i + \varepsilon_{ij} \quad (i = 1, 2, \cdots, k; \ j = 1, 2, \cdots, n_i)$$

α_k 为第 i 个处理效应。在基本假设成立下，单因子变异数分析即在检验

$$H_0 : \mu_1 = \mu_2 = \cdots = \mu_k$$

$$H_1 : \mu_1, \mu_2, \cdots, \mu_k \ \text{不全相等}$$

或

$$H_0 : \alpha_1 = \alpha_2 = \cdots = \alpha_k = 0$$

$$H_1 : \alpha_i \text{ 有一不为 } 0$$

依据以上的计算，独立样本单因子方差分析见表 2-4。

表 2-4　独立样本单因子方差分析表

变异来源	平方和	自由度	均方	F 值
组间	SS_A	$k-1$	$SS_A/(k-1)$	MS_A/MS_E
组内（误差）	SS_E	$n-k$	$SS_E/(n-k)$	
全体	SS_T	$n-1$		

在显著水平 α 下，当 $F > F_\alpha (k-1, n-k)$，则拒绝虚无假设，即表示处理间平均数有显著差异。

2.7.3　双因子方差分析

(1) 双因子方差分析表

双因子方差除探讨两个因子的影响外，应考虑其对应变量的交互作用，双因子方差分析见表 2-5。

表 2-5　双因子方差分析表

变异来源	平方和	自由度	均方	F 值
A 因子	$SS_A = \sum\limits_{i=1} \sum\limits_{j} (\bar{y}_{i.} - \bar{y}_{..})^2$	$r^{①}-1$	$MS_A = \dfrac{SS_A}{r-1}$	$F_A = \dfrac{MS_A}{MS_E}$
B 因子	$SS_B = \sum\limits_{i} \sum\limits_{j} (\bar{y}_{.j} - \bar{y}_{..})^2$	$c^{②}-1$	$MS_B = \dfrac{SS_B}{c-1}$	$F_B = \dfrac{MS_B}{MS_E}$
随机	$SS_E = \sum\limits_{i} \sum\limits_{j} (y_{ij} - \bar{y}_{i.} - \bar{y}_{.j} + \bar{y}_{..})^2$	$(r-1)(c-1)$	$MS_E = \dfrac{SS_E}{(r-1)(c-1)}$	
总和	$SS_T = \sum \sum (y_{ij} - \bar{y}_{..})$	$rc-1$		

① A 因子的处理数。

② B 因子的处理数。

(2) 有交互作用

有交互作用之双因子方差分析考虑交互作用时，在每一 $r \times c$ 的处理下，施以 2 个以上的样本，设其样本数为 n，数据型态如表 2-6。

表 2-6　有交互作用双因子方差分析表

变异来源	平方和	自由度	均方	F 值
A 因子	$SS_A = \sum\sum\sum(\bar{y}_{i..} - \bar{\bar{y}})^2$	$r-1$	$MSF_A = \dfrac{SSF_A}{r-1}$	$F_A = \dfrac{MSF_A}{MS_E}$
B 因子	$SS_B = \sum\sum\sum(\bar{y}_{.j.} - \bar{\bar{y}})^2$	$c-1$	$MSF_B = \dfrac{SSF_B}{c-1}$	$F_B = \dfrac{MSF_B}{MS_E}$
交互作用	$SS_{AB} = \sum\sum\sum(\bar{y}_{ij} - \bar{y}_{i..} - \bar{y}_{.j.} + \bar{\bar{y}})^2$	$(r-1)(c-1)$	$MS_I = \dfrac{SS_I}{(r-1)(c-1)}$	$F_1 = \dfrac{MS_I}{MS_E}$
随机	$SS_E = \sum\sum\sum(y_{ijk} - \bar{y}_{ij.})^2$	$rcn - rc$	$MS_E = \dfrac{SS_E}{rcn - rc}$	
总和	$SS_T = \sum\sum\sum(y_{ijk} - \bar{\bar{y}})^2$	$rcn - 1$		

(3) 检测 A、B 因子有无交互作用

$$H_0 : U_{ij}$$

$$F_{AB} = \frac{MS_{AB}}{MS_E} \sim F_{(r-1)(c-1),(nrc-rc)}$$

如 $F_{AB} > F_{(r-1)(c-1),(nrc-rc),\alpha}$，拒绝 H_0。

若双因子方差分析误用单因子方差分析来分析，将高估 MS_E，而低估 F 值，使统计推论发生错误。

2.8　回归分析

回归分析的目的是探究一个或数个自变量和一个因变量间的关系，进而建构一个适当的数学方程式，并利用此方程式来解释或预测因变量之值。在回归分析中自变量，又称解释变量，以 x 表示；因变量，又称响应变量，以 y 表示。自变量 x 与因变量 y 之间的函数关系或数学方程式，称为回归模式。

回归分析可以分为简单回归和复回归（多元回归），简单回归用来探讨 1 个因变量和 1 个自变量的关系，复回归（多元回归）用来探讨 1 个因变量和多个自变量的关系。

2.8.1　简单线性回归

(1) 简单线性回归模式

简单线性回归模式是探讨一个自变量和另一个因变量之间关系的统计法。

自变量与因变量之间的关系可以分为正向关系、负向关系和没有（无）关系三种。自变量与因变量之间的关系又可以分为线性和非线性两种。

设自变量为 x，例如薄膜的厚度；因变量为 y，例如薄膜的电阻。两者的关系为直线关系，可表示为确定模式或确定性数学模式，回归图形见图 2-5。

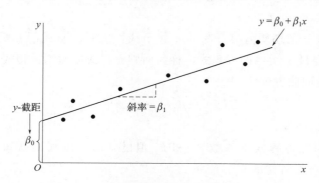

图 2-5　简单线性回归模式图

$$y_i = \beta_0 + \beta_1 x_i \tag{2-41}$$

式中　i——$1, \cdots, n$；

　　　y_i——因变量 y 第 i 个观测值的实际观测值（变量）；

　　　x_i——自变量 x 第 i 个观测值（变量）；

　　　β_0——回归模式的参数，截距或常数项，数值可能范围 $-\infty \sim +\infty$；

　　　β_1——回归模式的参数，回归系数或斜率，数值可能范围 $-\infty \sim +\infty$；

　　　n——观测值数量。

代表因变量 y 仅受自变量 x 的影响，不受其他因素影响。只要确定自变量 x 数值，即可获得因变量 y 数值，自变量 x 与因变量 y 之间有一对一的对应数值。考虑上述其他随机（影响）因素后，可将确定模式修正为概率模式、统计（概率）模式、回归模型或简单线性回归模式

$$y_i = \beta_0 + \beta_1 x_i + \varepsilon_i \tag{2-42}$$

式中　i——$1, \cdots, n$；

　　　y_i——因变量 y 第 i 个观测值的实际观测值（变量）；

　　　x_i——自变量 x 第 i 个观测值（变量）；

　　　β_0——回归模式的参数，截距或常数项，数值可能范围 $-\infty \sim +\infty$；

　　　β_1——回归模式的参数，回归系数或斜率，数值可能范围 $-\infty \sim +\infty$；

　　　ε_i——第 i 个观测值的随机变量，属于随机误差，读音 epsilon。有时亦可使用 e_i 符号代表。此误差项属于在 x 和 y 线性关系上无法解释的因变量 y 变异性或变动性；

n——观测值数量。

在简单线性回归方程式中，假设误差项 ϵ 的平均值或期望值为 0。因此，在回归模式中因变量 y 的期望值

$$E(y_i)=\mu_{y_i|x_i}=\beta_0+\beta_1 x_i$$

式中　i——$1,\cdots,n$。

故因变量 y 的期望值与自变量 x 属于线性关系。叙述因变量 y 的期望值 $E(y_i)$ 与自变量 x 关系的方程式，称为回归方程式或预测方程式。

简单线性回归方程式

$$E(y_i)=\mu_{y_i|x_i}=\beta_0+\beta_1 x_i$$

式中　i——$1,\cdots,n$。

若上述回归方程式中参数 β_0 和 β_1 值已知时，可利用已知的自变量 x_i（变量）计算获得因变量 y_i（变量）。

但是，实际上参数 β_0 和 β_1 值未知，必须利用样本数据进行估算。假设利用样本统计值 b_0 和 b_1 作为回归参数 β_0 和 β_1 值的估计值，可获得估计回归方程式。

估计简单线性回归方程式、样本回归方程式、估计回归线或估计回归方程式

$$\hat{y}_i=b_0+b_1 x_i \tag{2-43}$$

式中　i——$1,\cdots,n$；

$\hat{y}_i$——在自变量为 x_i 时因变量 y_i 的估计值；因变量第 i 个观测值的估计值或预测值；

x_i——自变量 x 第 i 个观测值（变量）；

b_0——回归模式 $E(y_i)=\beta_0+\beta_1 \times x_i$ 中，参数 β_0 的估计值，截距或常数项。数值可能范围 $-\infty \sim +\infty$；

b_1——回归模式 $E(y_i)=\beta_0+\beta_1 \times x_i$ 中，参数 β_1 的估计值，回归系数或斜率。数值可能范围 $-\infty \sim +\infty$。

简单线性回归模式一览，整理见表 2-7。

表 2-7　简单线性回归模式一览

名称	模式或方程式
确定性数学模式	$y_i=\beta_0+\beta_1 x_i$
简单线性回归模式	$y_i=\beta_0+\beta_1 x_i+\epsilon_i$
简单线性回归方程式	$E(y_i)=\beta_0+\beta_1 x_i$
估计回归方程式	$\hat{y}_i=b_0+b_1 x_i$

（2）最小平方法

利用样本数据中自变量 x_i 和因变量 y_i（实际观测值）的对应数值，并使用自变量 x_i、截距 b_0 和斜率 b_1 推算因变量 y_i 的估计值 $\hat{y}_i$，使得因变量 y_i 和其估计值 $\hat{y}_i$ 的差（距）之平方和为最小数值，此为最小平方法或普通最小平方法的特性。

最小平方法数学法则

$$\min_{SS_E} = \min \sum_{i=1}^{n}(y_i - \hat{y}_i)^2 = \min \sum_{i=1}^{n}(y_i - b_0 - b_1 \times x_i)^2 \qquad (2-44)$$

式中　y_i——因变量 y 第 i 个观测值的实际观测值（变量）；

　　　$\hat{y}_i$——在自变量为 x_i 时因变量 y_i 的估计值；因变量第 i 个观测值的估计值；

　　　x_i——自变量 x 第 i 个观测值（变量）；

　　　b_0——回归模式 $E(y_i) = \beta_0 + \beta_1 x_i$ 中，参数 β_0 的估计值，截距或常数项。数值可能范围 $-\infty \sim +\infty$；

　　　b_1——回归模式 $E(y_i) = \beta_0 + \beta_1 x_i$ 中，参数 β_1 的估计值，回归系数或斜率。数值可能范围 $-\infty \sim +\infty$。

利用微分方式获得估计回归方程式的斜率 b_1

$$b_1 = \frac{\sum_{i=1}^{n}(x_i y_i) - \dfrac{\sum_{i=1}^{n}x_i \times \sum_{i=1}^{n}y_i}{n}}{\sum_{i=1}^{n}x_i^2 - \dfrac{\left(\sum_{i=1}^{n}x_i\right)^2}{n}} = \frac{n\sum_{i=1}^{n}(x_i y_i) - \sum_{i=1}^{n}x_i \times \sum_{i=1}^{n}y_i}{n\sum_{i=1}^{n}x_i^2 - \left(\sum_{i=1}^{n}x_i\right)^2}$$

$$= \frac{\sum_{i=1}^{n}[(x_i - \bar{x})(y_i - \bar{y})]}{\sum_{i=1}^{n}(x_i - \bar{x})^2} = \frac{\dfrac{\sum_{i=1}^{n}[(x_i - \bar{x})(y_i - \bar{y})]}{n-1}}{\dfrac{\sum_{i=1}^{n}(x_i - \bar{x})^2}{n-1}}$$

$$= \frac{S_{xy}}{S_x^2} \qquad\qquad (2-45)$$

截距 b_0 运算公式

$$b_0 = \bar{y} - b_1\bar{x} = \frac{\sum\limits_{i=1}^{n} y_i \times \sum\limits_{i=1}^{n} x_i^2 - \sum\limits_{i=1}^{n} x_i \times \sum\limits_{i=1}^{n} (x_iy_i)}{n\sum\limits_{i=1}^{n} x_i^2 - (\sum\limits_{i=1}^{n} x_i)^2} \qquad (2-46)$$

式中 y_i——因变量 y 第 i 个观测值的实际观测值（变量）；

$\bar{y}$——因变量的样本平均值；

x_i——自变量 x 第 i 个观测值（变量）；

$\bar{x}$——自变量的样本平均值；

b_0——回归模式 $E(y_i) = \beta_0 + \beta_1 x_i$ 中，参数 β_0 的估计值，截距或常数项。数值可能范围 $-\infty \sim +\infty$；

b_1——回归模式 $E(y_i) = \beta_0 + \beta_1 x_i$ 中，参数 β_1 的估计值，回归系数或斜率。数值可能范围 $-\infty \sim +\infty$；

n——观测值数量；

S_{xy}——自变量 x 和因变量 y 的样本共变量；

S_x^2——即 S_{xx}，自变量 x 的样本方差。

利用最小平方法估算因变量第 i 个观测值之估计值 $\hat{y}_i$ 的特征。

① 通过自变量和因变量样本平均值，估计简单线性回归方程式或样本回归方程式 $\hat{y}_i = b_0 + b_1 x_i$，见图 2-6。

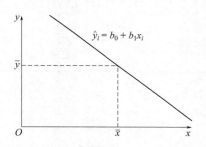

图 2-6　简单线性回归模式图

② 样本残差（$\varepsilon_i = y_i - \hat{y}_i$）和为 0。

$$\sum_{i=1}^{n}(y_i - \hat{y}_i) = \sum_{i=1}^{n}(y_i - b_0 - b_1 x_i) = \sum_{i=1}^{n}\varepsilon_i = 0 \qquad (2-47)$$

样本残差的期望值亦等于 0，$E(\varepsilon_i) = 0$。

③ 样本残差 ε_i 与自变量 x_i 的共变量为 0，样本残差和自变量 x 无线性关系。

$$\mathrm{Cov}(x_i, \varepsilon_i) = 0$$
$$= E(x_i\varepsilon_i) - E(x_i) \times E(\varepsilon_i)$$

$$= E(x_i \varepsilon_i) - E(x_i) \times 0$$

$$= E(x_i \varepsilon_i) \tag{2-48}$$

故，$E(x_i \times \varepsilon_i) = 0$ 和 $\sum\limits_{i=1}^{n}(x_i \varepsilon_i) = 0$ 亦成立。

④ 样本残差 ε_i 与因变量预估值 $\hat{y}_i$ 的共变量为 0，样本残差 ε_i 与因变量预估值 $\hat{y}_i$ 无线性关系。

$$\text{Cov}(\hat{y}_i, \varepsilon_i) = 0$$

$$= E(\hat{y}_i \varepsilon_i) - E(\hat{y}_i) \times E(\varepsilon_i)$$

$$= E(\hat{y}_i \varepsilon_i) - E(\hat{y}_i) \times 0$$

$$= E(\hat{y}_i \varepsilon_i) \tag{2-49}$$

故，$E(\hat{y}_i \varepsilon_i) = 0$ 和 $\sum\limits_{i=1}^{n}(\hat{y}_i \varepsilon_i) = 0$ 亦成立。

(3) 斜率显著性检验

简单线性回归方程式 $E(y_i) = \beta_0 + \beta_1 x_i$ 中，若斜率 β_1 等于 0 时，因变量 $E(y_i)$ 和自变量 x_i 之间没有相关性存在；当斜率 β_1 不等于 0 时，代表因变量 $E(y_i)$ 和自变量 x_i 之间有相关性存在。故在检验因变量 $E(y_i)$ 和自变量 x_i 之间的回归关系时，必须进行斜率 β_1 是否等于 0 的假设检验，此称为显著性检验。

进行斜率 β_1 是否等于 0 的假设检验时，可以利用 t 检验和 F 检验。在进行斜率 β_1 是否等于 0 的假设检验前，需要先估计回归模式中误差项或残差项 ε_i 的方差 σ^2。

(4) 误差项 ε_i 的方差 σ^2 估算

在自变量 x_i 与因变量 y_i 的回归模式 $y_i = \beta_0 + \beta_1 x_i + \varepsilon_i$ 中显示，误差项 ε_i 的方差 σ^2 亦即是因变量 y_i 在回归模式中的方差。误差均方或误差均方为误差项 ε_i 之方差 σ^2 的估计值（可表示为 S^2），可由误差项平方和或残差平方和除以其自由度获得。在计算误差项平方和或残差平方和时，需先估算回归模式的两个参数（β_0 和 β_1），因此误差项平方和或残差平方和的自由度为 $n-2$。

$$\text{MS}_E = S^2 = \frac{\text{SS}_E}{n-2} = \frac{\sum\limits_{i=1}^{n}(y_i - \hat{y}_i)^2}{n-2}$$

$$= \frac{\sum\limits_{i=1}^{n}(y_i - b_0 - b_1 x_i)^2}{n-2}$$

$$= \frac{\sum\limits_{i=1}^{n} y_i^2 - b_0 \sum\limits_{i=1}^{n} y_i - b_1 \sum\limits_{i=1}^{n}(x_i y_i)}{n-2} \quad (2\text{-}50)$$

误差项 ε_i 之标准（偏）差 σ 的估计值 S 称为估计值的标准（偏）差

$$S = \sqrt{\text{MS}_\text{E}} = \sqrt{S^2} = \sqrt{\frac{\text{SS}_\text{E}}{n-2}} = \sqrt{\frac{\sum\limits_{i=1}^{n}(y_i - \hat{y}_i)^2}{n-2}}$$

$$= \sqrt{\frac{\sum\limits_{i=1}^{n}(y_i - b_0 - b_1 x_i)^2}{n-2}} = \sqrt{\frac{\sum\limits_{i=1}^{n} y_i^2 - b_0 \sum\limits_{i=1}^{n} y_i - b_1 \sum\limits_{i=1}^{n}(x_i y_i)}{n-2}} \quad (2\text{-}51)$$

(5) t 检验

利用样本数据检验回归方程式中斜率 β_1 是否等于 0，设立假设：

① 虚无假设 H_0：$\beta_1 = 0$。

② 对立假设 H_1：$\beta_1 \neq 0$。

经过统计验证的结果显示：若接受虚无假设 H_0：$\beta_1 = 0$ 时，显示因变量 $E(y_i)$ 和自变量 x_i 之间没有足够的证据证明两者关系存在；若接受对立假设 H_1：$\beta_1 \neq 0$ 时，代表因变量 $E(y_i)$ 和自变量 x_i 之间有统计上的相关性存在。在进行统计验证时，将依据回归方程式斜率 β_1 之估计值 b_1 之抽样分布资料。

回归方程式斜率 β_1 之估计值 b_1 之抽样分布：

b_1 期望值 $E(b_1) = \beta_1$；

b_1 标准（偏）差

$$\sigma_{b_1} = \frac{\sigma}{\sqrt{\sum\limits_{i=1}^{n} x_i^2 - \dfrac{\left(\sum\limits_{i=1}^{n} x_i\right)^2}{n}}} \quad (2\text{-}52)$$

分布方式属于常态分布。

若误差项 ε_i 之标准（偏）差 σ 未知时，可以利用 σ 的估计值 S 取代标准（偏）差，以获得 b_1 标准（偏）差 σ_{b1} 的估计值 S_{b1}。

$$S_{b_1} = \cfrac{S}{\sqrt{\sum\limits_{i=1}^{n} x_i^2 - \cfrac{\left(\sum\limits_{i=1}^{n} x_i\right)^2}{n}}} \qquad (2\text{-}53)$$

检验统计值 $t = \dfrac{b_1}{S_{b_1}}$

利用双尾检验，则：

若左侧临界值 $-t_{\frac{\alpha}{2}, n-2} \leqslant$ 检验统计值 $t \leqslant$ 右侧临界值 $t_{\frac{\alpha}{2}, n-2}$，接受虚无假设 $H_0 : \beta_1 = 0$。

若检验统计值 $t <$ 左侧临界值 $-t_{\frac{\alpha}{2}, n-2}$ 或检验统计值 $t >$ 右侧临界值 $t_{\frac{\alpha}{2}, n-2}$，拒绝虚无假设 $H_0 : \beta_1 = 0$，接受对立假设 $H_1 : \beta_1 \neq 0$。

其中 $t_{\frac{\alpha}{2}, n-2}$ 为右尾概率 $\dfrac{\alpha}{2}$，自由度 $n-2$ 的 t 分布数值。

(6) F 检验

利用 F 概率分布以样本数据检验回归方程式中斜率 β_1 是否等于 0，适用于验证回归关系的显著性。

若只有一个自变量 x_i（简单线性回归分析）时，利用 t 检验和 F 检验的结果相同。当有两个（含）以上自变量 x_i 时，仅可以使用 F 检验法，以验证全部自变量 x_i 与因变量 y_i 之间关系的显著性。若欲检定回归方程式中斜率 β_1 是否等于特定数值（C）或进行左右尾检验时，皆必须使用 t 检验法，无法使用 F 检验法。t 检验与 F 检验的使用情境见表 2-8。

表 2-8　t 检验与 F 检验的使用情境

使用情境	t 检验	F 检验
一个自变量	○	○
两个（含）以上自变量	×	○
检验斜率 β_1 是否等于特定数值（C）	○	×
左右尾检验	○	×

回归造成的均方、回归均方或回归均方（MS_R）是回归项平方和（SS_R）除以回归自由度获得。回归自由度等于自变量之个数。

$$MS_R = \frac{SS_R}{df} = \frac{\sum\limits_{i=1}^{n} (\hat{y}_i - \bar{y})^2}{df} \qquad (2\text{-}54)$$

利用 F 检验的程序：

① 设定显著水平 α。

② 虚无假设 H_0：$\beta_1 = 0$。

③ 对立假设 H_1：$\beta_1 \neq 0$。

④ 计算检验统计值 $F = \dfrac{\mathrm{MS_R}}{\mathrm{MS_E}}$。

⑤ 若检验统计值 $F \leqslant$ 临界值 $F_{\alpha,1,n-2}$，接受虚无假设 H_0：$\beta_1 = 0$。

⑥ 若检验统计值 $F >$ 临界值 $F_{\alpha,1,n-2}$，拒绝虚无假设 H_0：$\beta_1 = 0$，接受对立假设 H_1：$\beta_1 \neq 0$。

其中 $F_{\alpha,1,n-2}$ 系分子自由度 1，分母自由度 $n-2$ 的右尾概率 α 的 F 分布数值，n 为样本数量。

简单线性回归方差分析表见表 2-9。

表 2-9 简单线性回归方差分析表

变异来源	平方和	自由度	均方	F 值
回归项	$\mathrm{SS_R} = \sum\limits_{i=1}^{n} (\hat{y}_i - \bar{y})^2$	1	$\mathrm{MS_R} = \dfrac{\mathrm{SS_R}}{1}$	$F = \dfrac{\mathrm{MS_R}}{\mathrm{MS_E}}$
误差项（随机项）	$\mathrm{SS_E} = \sum\limits_{i=1}^{n} (y_i - \hat{y}_i)^2$	$n-2$	$\mathrm{MS_E} = \dfrac{\mathrm{SS_E}}{n-2}$	
合计	$\mathrm{SS_T} = \sum\limits_{i=1}^{n} (y_i - \bar{y})^2$	$n-1$		

2.8.2 复回归

复回归分析中自变量有两个（含）以上，因变量仅有一个 y。同时探索两个（含）以上（一般使用符号 k 或 p，代表自变量数量）自变量对一个因变量的关系，即属于复回归分析、多重回归分析或多元回归分析。

(1) 复回归方程式

复回归模式中假设误差项 ε_i 的平均值或期望值等于 0。因此，因变量 y_i 的平均值 $\bar{y}_i$ 或期望值 $E(y_i)$ 即等于 $\beta_0 + \beta_1 x_{1i} + \beta_2 x_{2i} + \beta_3 x_{3i} + \cdots + \beta_k x_{ki}$。叙述自变量 $(x_1, x_2, x_3, \cdots, x_k)$ 与因变量 y_i 的平均值 $\bar{y}_i$ 或期望值 $E(y_i)$ 之间关系的方程式称为复回归方程式、多元回归方程式或一般复回归方程式。

$$\bar{y}_i = E(y_i) = \beta_0 + \beta_1 x_{1i} + \beta_2 x_{2i} + \beta_3 x_{3i} + \cdots + \beta_k x_{ki} \qquad (2-55)$$

式中　　　　i——$1, \cdots, n$；

$\bar{y}_i$——因变量第 i 个观测点之观测值的平均值；

$E(y_i)$——因变量第 i 个观测点之观测值的期望值；

y_i——因变量 y 第 i 个观测值的实际观测值（变量）；

x_{ki}——第 k 个自变量 x 第 i 个观测值（变量）；

β_0——复回归模式的参数，截距。数值可能范围 $-\infty \sim +\infty$；

$\beta_1, \cdots, \beta_k$——复回归模式的参数，偏回归系数或回归系数。数值可能范围 $-\infty \sim +\infty$；

n——观测值（组）数量；

k——自变量数量（个数），$k > 0$，正整数。

（2）复回归模式

叙述自变量 $(x_1, x_2, x_3, \cdots, x_k)$、因变量 y 和误差项 ε_i 之间关系的方程式称为复回归模式、多元回归模式或一阶复回归线性模式。

$$y_i = \beta_0 + \beta_1 x_{1i} + \beta_2 x_{2i} + \beta_3 x_{3i} + \cdots + \beta_k x_{ki} + \varepsilon_i \tag{2-56}$$

式中　　i——$1, \cdots, n$；

y_i——因变量 y 第 i 个观测值的实际观测值；

x_{ki}——第 k 个自变量 x 第 i 个观测值；

β_0——复回归模式的参数，截距，数值可能范围 $-\infty \sim +\infty$；

$\beta_1, \cdots, \beta_k$——复回归模式的参数，偏回归系数或回归系数，数值可能范围 $-\infty \sim +\infty$；

ε_i——第 i 个观测值的随机变量，属于随机误差，此误差项属于在 x 和 y 线性关系上无法解释的因变量 y 变异性、波动性、变动性；

n——观测值（组）数量；

k——自变量数量（个数），$k > 0$，正整数。

（3）估计复回归方程式或估计多元回归方程式

大部分情况下，复回归模式中的回归参数 $(\beta_0, \beta_1, \cdots, \beta_k)$ 皆不知其实际数值。仅可以利用样本数值估算，分别以样本统计值 $b_0, b_1, \cdots, b_k$ 作为回归参数 $\beta_0, \beta_1, \cdots, \beta_k$ 的点估计值。

$$\hat{y}_i = b_0 + b_1 x_{1i} + b_2 x_{2i} + b_3 x_{3i} + \cdots + b_k x_{ki} \tag{2-57}$$

式中　　i——$1, \cdots, n$；

$\hat{y}_i$——因变量 y 第 i 个观测值的估计值；

x_{ki}——第 k 个自变量 x 第 i 个观测值；

b_0——复回归模式的统计值，截距，数值可能范围 $-\infty \sim +\infty$；

$b_1, \cdots, b_k$——复回归模式的统计值，偏回归系数或回归系数。数值可能范围 $-\infty \sim +\infty$；

n——观测值（组）数量；

k——自变量数量（个数）。

复回归方差分析表见表 2-10。

表 2-10　复回归模式一览

名称	模式或方程式
确定性数学模式	$\bar{y}_i = E(y_i) = \beta_0 + \beta_1 x_{1i} + \beta_2 x_{2i} + \beta_3 x_{3i} + \cdots + \beta_k x_{ki}$
复回归模式	$y_i = \beta_0 + \beta_1 x_{1i} + \beta_2 x_{2i} + \beta_3 x_{3i} + \cdots + \beta_k x_{ki} + \varepsilon_i$
复回归方程式	$E(y_i) = \beta_0 + \beta_1 x_{1i} + \beta_2 x_{2i} + \beta_3 x_{3i} + \cdots + \beta_k x_{ki}$
估计复回归方程式	$\hat{y}_i = b_0 + b_1 x_{1i} + b_2 x_{2i} + b_3 x_{3i} + \cdots + b_k x_{ki}$

(4) 最小平方法

最小平方法是依据因变量观测值 y_i 与预测值 $\hat{y}_i$ 之差的平方和必须维持最小数值为基准。

最小平方法数学法则

$$\mathrm{minSS_E} = \sum_{i=1}^{n} (y_i - \hat{y}_i)^2 = \sum_{i=1}^{n} (y_i - b_0 - b_1 x_{1i} - b_2 x_{2i} - b_3 x_{3i} - \cdots - b_k x_{ki})^2$$

$$(2\text{-}58)$$

式中　y_i——因变量 y 第 i 个观测值的实际观测值；

$\hat{y}_i$——在自变量为 x_i 时因变量 y_i 的估计值；因变量 y 第 i 个观测值的估计值或预测值；

x_{ki}——第 k 个自变量 x 第 i 个观测值；

b_0——复回归模式 $\beta_0 + \beta_1 x_{1i} + \beta_2 x_{2i} + \beta_3 x_{3i} + \cdots + \beta_k x_{ki}$ 中，参数 β_0 的估计值，截距或常数项。数值可能范围 $-\infty \sim +\infty$；

b_1——复回归模式 $\beta_0 + \beta_1 x_{1i} + \beta_2 x_{2i} + \beta_3 x_{3i} + \cdots + \beta_k x_{ki}$ 中，参数 β_1 的估计值，回归系数，数值可能范围 $-\infty \sim +\infty$。

复回归分析中，对于回归参数的统计值估算，皆是使用矩阵方式计算，较为繁杂，不易使用表格与计算器运算。故两个自变量以上的估计复回归方程式分析中使用统计软件估算回归参数的统计值。

在两个自变量的估计复回归方程式中（$\hat{y}_i = b_0 + b_1 x_{1i} + b_2 x_{2i}$），回归参数的估计值计算比较简单，回归系数的估计值公式如下

$$b_1 = \cfrac{\begin{aligned}&\sum_{i=1}^{n}(x_{2i}-\bar{x}_2)^2 \times \sum_{i=1}^{n}[(x_{1i}-\bar{x}_1)(y_i-\bar{y})] - \\ &\sum_{i=1}^{n}[(x_{1i}-\bar{x}_1)(x_{2i}-\bar{x}_2)] \times \sum_{i=1}^{n}[(x_{2i}-\bar{x}_2)(y_i-\bar{y})]\end{aligned}}{\sum_{i=1}^{n}(x_{1i}-\bar{x}_1)^2 \times \sum_{i=1}^{n}(x_{2i}-\bar{x}_2)^2 - \left[\sum_{i=1}^{n}(x_{1i}-\bar{x}_1)(x_{2i}-\bar{x}_2)\right]^2}$$

$$b_2 = \cfrac{\begin{aligned}&\sum_{i=1}^{n}(x_{1i}-\bar{x}_1)^2 \times \sum_{i=1}^{n}[(x_{2i}-\bar{x}_2)(y_i-\bar{y})] - \\ &\sum_{i=1}^{n}[(x_{1i}-\bar{x}_1)(x_{2i}-\bar{x}_2)] \times \sum_{i=1}^{n}[(x_{1i}-\bar{x}_1)(y_i-\bar{y})]\end{aligned}}{\sum_{i=1}^{n}(x_{1i}-\bar{x}_1)^2 \times \sum_{i=1}^{n}(x_{2i}-\bar{x}_2)^2 - \left[\sum_{i=1}^{n}(x_{1i}-\bar{x}_1)(x_{2i}-\bar{x}_2)\right]^2}$$

依据上式计算，得到

$$b_0 = \bar{y}_i - b_1\bar{x}_1 - b_2\bar{x}_2 \tag{2-59}$$

式中　y_i——因变量第 i 个观测值的实际观测值；

　　$\bar{y}$——因变量所有样本观测值的平均值；

　　$\hat{y}_i$——在自变量为 x_i 时因变量 y_i 的估计值；因变量第 i 个观测值的估计值；

　　x_{ki}——第 k 个自变量第 i 个观测值；

　　$\bar{x}_1$——第 1 个自变量所有样本观测值的平均值；

　　$\bar{x}_2$——第 2 个自变量所有样本观测值的平均值；

　　b_0——复回归模式 $\beta_0 + \beta_1 x_{1i} + \beta_2 x_{2i}$ 中，参数 β_0 的估计值，截距或常数项，数值可能范围 $-\infty \sim +\infty$；

　　b_1——复回归模式 $\beta_0 + \beta_1 x_{1i} + \beta_2 x_{2i}$ 中，参数 β_1 的估计值，回归系数，数值可能范围 $-\infty \sim +\infty$；

　　b_2——复回归模式 $\beta_0 + \beta_1 x_{1i} + \beta_2 x_{2i}$ 中，参数 β_2 的估计值，回归系数。数值可能范围 $-\infty \sim +\infty$。

(5) 斜率显著性检验

在复回归分析中，先利用 F 检验所有自变量 $x_1, \cdots, x_k$ 和因变量 y 的关系是否达到显著水平。此 F 检验称为整体显著性检验或联合检验。

若在 F 检验中发现所有自变量 $x_1, \cdots, x_k$ 和因变量 y 的关系达到显著水平。进一步利用 t 检验验证各自变量 $x_1, \cdots, x_k$ 与因变量 y 的关系。此 t 检验称为个别显著性检验或个别回归系数检验。

1）F 检验

利用 F 概率分布检验样本数据回归方程式中斜率 β_1、β_2、β_3，…，β_k 是否等于 0，适用于验证回归关系的显著性。

回归造成的均方是通过回归项平方和除以回归自由度获得。回归自由度等于自变量之个数 k。

$$\mathrm{MS_R} = \frac{\mathrm{SS_R}}{\mathrm{df}} = \frac{\mathrm{SS_R}}{k} = \frac{\sum\limits_{i=1}^{n}(\hat{y}_i - \bar{y})^2}{k}$$

自变量 x 与因变量 y_i 的复回归模式

$$y_i = \beta_0 + \beta_1 \times x_{1i} + \beta_2 \times x_{2i} + \beta_3 \times x_{3i} + \cdots + \beta_k \times x_{ki} + \varepsilon_i$$

式中显示，误差项 ε_i 的方差 σ^2 亦即因变量 y_i 在回归模式中的方差。误差均方或误差均方为误差项 ε_i 之方差 σ^2 的估计值（可表示为 S^2），可由残差平方和除以其自由度获得。在计算残差平方和时，需先估算回归模式的参数 $(\beta_0, \beta_1, \beta_2, \beta_3, \cdots, \beta_k)$，因此残差平方和的自由度为 $n-k-1$。

$$\mathrm{MS_E} = S^2 = \frac{\mathrm{SS_E}}{\mathrm{df}} = \frac{\sum\limits_{i=1}^{n}(y_i - \hat{y}_i)^2}{n-k-1}$$

利用 F 检验的程序：

① 设定显著水平 α。

② 虚无假设 H_0：$\beta_1 = \beta_2 = \beta_3 = \cdots = \beta_k = 0$。

③ 对立假设 H_1：$\beta_1 \neq 0$，$\beta_2 \neq 0, \beta_3 \neq 0, \cdots,$ 或 $\beta_k \neq 0$。

④ 计算检验统计值 $F = \dfrac{\mathrm{MS_R}}{\mathrm{MS_E}}$。

⑤ 若检验统计值 $F \leqslant$ 临界值 $F_{\alpha, k, n-k-1}$，接受虚无假设 H_0：$\beta_1 = \beta_2 = \beta_3 = \cdots = \beta_k = 0$。

⑥ 若检验统计值 $F >$ 临界值 $F_{\alpha, k, n-k-1}$，拒绝虚无假设 H_0：$\beta_1 = \beta_2 = \beta_3 = \cdots = \beta_k = 0$，接受对立假设 H_1：$\beta_1 \neq 0, \beta_2 \neq 0, \beta_3 \neq 0, \cdots,$ 或 $\beta_k \neq 0$。

其中 $F_{\alpha, k, n-k-1}$ 为显著水平 α，分子自由度 k，分母自由度 $n-k-1$ 的 F 分布数值。

2）t 检验

经过 F 检验确认所有自变量 $x_1, \cdots, x_k$ 和因变量 y 的关系是否达到显著水平，若有达到显著性相关水平。后续利用 t 检验法检验个别自变量 $x_1, \cdots, x_k$ 和因变量 y 的关系是否达到显著相关水平。利用样本数据检验复回归方程式中个别自变量参数 β_i 是否等于 0，才可以进一步决定是否接受复回归分析的结

果。若因变量母体方差 σ_y^2 已知时，可以运用标准化 z 值进行检验或区间估计。若因变量母体方差 σ_y^2 未知时，必须使用其估计值——因变量样本方差 S_y^2 或 $S_{y|x_1x_2}^2$ 取代

$$S_y^2 = S_{y|x_1x_2}^2 = \mathrm{MS_E} = \frac{\mathrm{SS_E}}{n-k-1} = \frac{\sum\limits_{i=1}^{n}(y_i - \hat{y}_i)^2}{n-k-1}$$

$$= \frac{\sum\limits_{i=1}^{n}(y_i - b_0 - b_1 x_{1i} - b_2 x_{2i})^2}{n-k-1}$$

$$= \frac{\sum\limits_{i=1}^{n}(y_i - \bar{y})^2 - b_1 \sum\limits_{i=1}^{n}[(x_{1i} - \bar{x}_1)(y_i - \bar{y})] - b_2 \times \sum\limits_{i=1}^{n}[(x_{2i} - \bar{x}_2)(y_i - \bar{y})]}{n-k-1}$$

运用因变量样本方差 S_y^2 估算因变量母体方差 σ_y^2 时，相对应的 b_0、b_1 与 b_2 估算的方差依序为

$$S_{b_0}^2 = \left[\frac{\bar{x}_1^2 \times \sum\limits_{i=1}^{n}(x_{2i} - \bar{x}_2)^2 + \bar{x}_2^2 \times \sum\limits_{i=1}^{n}(x_{1i} - \bar{x}_1)^2 - 2\bar{x}_1\bar{x}_2 \times \sum\limits_{i=1}^{n}[(x_{1i} - \bar{x}_1)(x_{2i} - \bar{x}_2)]}{\sum\limits_{i=1}^{n}(x_{1i} - \bar{x}_1)^2 \times \sum\limits_{i=1}^{n}(x_{2i} - \bar{x}_2)^2 - \left[\sum\limits_{i=1}^{n}(x_{1i} - \bar{x}_1)(x_{2i} - \bar{x}_2)\right]^2} + \frac{1}{n} \right] \times S_y^2$$

$$S_{b_1}^2 = \frac{\sum\limits_{i=1}^{i}(x_{2i} - \bar{x}_2)^2}{\sum\limits_{i=1}^{n}(x_{1i} - \bar{x}_1)^2 \times \sum\limits_{i=1}^{n}(x_{2i} - \bar{x}_2)^2 - \left[\sum\limits_{i=1}^{n}(x_{1i} - \bar{x}_1)(x_{2i} - \bar{x}_2)\right]^2} \times S_y^2$$

$$S_{b_2}^2 = \frac{\sum\limits_{i=1}^{i}(x_{1i} - \bar{x}_1)^2}{\sum\limits_{i=1}^{n}(x_{1i} - \bar{x}_1)^2 \times \sum\limits_{i=1}^{n}(x_{2i} - \bar{x}_2)^2 - \left[\sum\limits_{i=1}^{n}(x_{1i} - \bar{x}_1)(x_{2i} - \bar{x}_2)\right]^2} \times S_y^2$$

利用 t 检验的程序：

① 设定显著水平 α。

② 虚无假设 H_0：$\beta_i = 0$。

③ 对立假设 H_1：$\beta_i \neq 0$。

④ 计算检验统计值 $t = \dfrac{b_i}{S_{b_i}}$。

⑤ 若左侧临界值 $-t_{\frac{\alpha}{2}, n-k-1} <$ 检验统计值 $t <$ 右侧临界值 $t_{\frac{\alpha}{2}, n-k-1}$，接受虚无假设 H_0：$\beta_i = 0$。

⑥ 若检验统计值 $t <$ 左侧临界值 $-t_{\frac{\alpha}{2}, n-k-1}$ 或检验统计值 $t >$ 右侧临界值 $t_{\frac{\alpha}{2}, n-k-1}$，拒绝虚无假设 H_0：$\beta_i = 0$，接受对立假设 H_1：$\beta_i \neq 0$。

其中 $t_{\frac{\alpha}{2}, n-k-1}$ 为显著水平 $\dfrac{\alpha}{2}$，自由度 $n-k-1$ 的 t 分布数值。在两个自变量的情况下，可以简化为 $t_{\frac{\alpha}{2}, n-3}$。$k$ 为自变量数量（个数），$k > 0$，正整数。

经过统计验证的结果显示，若接受虚无假设 H_0：$\beta_i = 0$ 时，显示因变量 $E(y_i)$ 和自变量 x_i 之间没有足够的证据证明两者关系存在；若接受对立假设 H_1：$\beta_i \neq 0$ 时，代表因变量 $E(y_i)$ 和自变量 x_i 之间有统计上的相关性存在。在进行统计验证时，将依据回归方程式斜率 β_i 之估计值 b_i 之抽样分布资料。

第3章
实验设计——要因法

3.1 要因实验法

(1) 要因实验设计的类型

① 因子设计：是指对实验因子（即实验变量）做适当处理的设计，使其能充分显示出实验因子对响应变量的影响情形。

② 集区设计：是指依据某一外在影响变量，将实验单位区分为若干集区，然后再观察实验因子对响应变量的影响效果。

(2) 要因实验设计的随机化

某些变因并非实验研究的主因，而是一种共同特性，将这些变因视为实验设计的单位就形成一个集区。因此，集区因子就是会影响响应值，但又不是研究主要目的的因子，例如时间、操作员、材料批次等。

① 集区的观念起于在田地上实验使用不同肥料，先将类似性质的田地隔成区块。

② 在完全随机实验设计中，实验顺序的随机化是针对整个实验，但如果进行集区化，就只能在每集区内进行实验顺序的随机化，也就是说集区化是随机化的限制。

③ 在统计意义上，集区化可减少该因素因在不同集区执行实验时，由于外加因素，例如人员、物料等造成实验的差异，增加侦测其他变异的敏感度。

④ 在分析中，集区等同于因子，若发现集区对响应值的影响不显著，未来的实验即可不考虑此集区。

3.1.1 完全随机设计

完全随机设计或完全随机化设计系指没有集区设计的单因子实验设计，又称单因子分类实验设计。其将不同的处理水平以随机的方式分派给实验单位，可以降低实验单位的差异对实验结果的影响。

在实验研究法中，完全随机设计适用于研究一个主要变量的影响，在实验设计中无须考虑其他变量的影响。设计比较主要研究变量之不同水平，对于实验结果、因变量、响应或响应变量的影响，属于没有使用集区设计的单因子实验设计，一般通称为单因子分类的实验设计。在完全随机设计中，主要研究变量之不同水平是随机分派实验于实验单位。

全部需要样本或实验单位数量＝水平数量 × 重复数量

完全随机设计的步骤如下：

① 设计方式：将数据收集之顺序作一随机排列的设计即为完全随机设计。

② 做法：决定水平数和样本数、利用随机数表决定收集样本的顺序。

③ 资料分析：经过完全随机设计收集的数据，以方差分析进行后续分析。

完全随机设计方差分析见表 3-1。

表 3-1　完全随机设计方差分析表

变异来源	平方和	自由度	均方	F 值
样本间变异或组间变异	SS_{TR}	$k-1$	$MS_{TR}=SS_{TR}/k-1$	$F=MS_{TR}/MS_E$
样本内变异、组内变异或误差	SS_E	$nT-k$	$MS_E=SS_E/nT-k$	
合计	SS_T	$nT-1$		

3.1.2　随机集区设计

在随机集区设计中使用一个会影响实验结果或因变量的主要外在变量，如某一实验单位，受测者的年龄层、性别、收入等，将实验单位区分成数个集区。将实验单位区分为数个集区的变量被称为集区变量。在随机集区设计中可以鉴别和评量集区变量对实验结果或因变量的影响程度。

典型随机集区设计的主要使用限制是只能控制一个外在变量，若有一个以上的外在变量需要控制时，必须使用拉丁方设计（LSD）或因子设计。

3.1.3　拉丁方设计

拉丁方的特色是若实验因子有 K 个水平，则外在变量须分为 K 类，实验单位须有 $K \times K$ 个，并以随机方式将实验因子的水平分派到各个实验单位，且同行或同列不得出现相同的处理水平，把实验因子所造成的效果加以平衡，以看出实验处理效果之差异。

当有三个因子，而每个因子的水平数都相等，且这三个因子之间并无交互作用存在时，可用拉丁方实验设计来代替三因子方差分析的实验设计。

拉丁方设计也是一种与集区因子相关联的设计方法，不同的是在随机化集区设计中只有一个集区因子，称为单向集区设计，而拉丁方设计可以同时控制两个集区因子的影响，故属于两向集区设计，通过行集区与列集区的规划，实验者即可有效控制两干扰因子的影响。

拉丁方设计排列范例见表 3-2。

表 3-2　拉丁方设计排列

项目		集区 A			
		Ⅰ	Ⅱ	Ⅲ	Ⅳ
集区 B	1	A	B	C	D
	2	D	A	B	C
	3	C	D	A	B
	4	B	C	D	A

拉丁方设计能同时兼顾成本以及集区效应，不过在使用 LSD 进行实验配置时，有几个需要遵守的规则：

① 实验单位须为异质性，并且能够以两向集区将干扰因子进行区分。

② 参试处理数＝行集区数＝列集区数。

③ 参试处理在行、列集区中皆只能出现一次，并且需随机排列到集区中。

拉丁方设计方差分析如表 3-3。

表 3-3　拉丁方设计方差分析表

变异来源	平方和	自由度	均方	F 值
处理	SS_{TR}	$a-1$	$MSS_{TR}=SS_{TR}/(a-1)$	MSS_T/MSS_E
列区集	SS_R	$a-1$	$MSS_R=SS_R/(a-1)$	MSS_R/MSS_E
行区集	SS_C	$a-1$	$MSS_C=SS_C/(a-1)$	MSS_C/MSS_E
误差	SS_E	$(a-1)(a-2)$	$MSS_E=SS_E/(a-1)(a-2)$	
合计	SS_T	a^2-1		

3.2 因子实验——二因子设计

在完全随机设计、随机集区设计和拉丁方设计中，仅能评量一个实验变量对实验结果的影响。若要同时评量两个或两个以上实验变量对实验结果的影响，即需要使用因子设计。二因子设计既是两个实验变量的实验设计，又称为二因子分类的实验设计。

在二因子设计中，有 A 和 B 两个实验变量，若其分别有 a 和 b 个水平，此设计可以称为 $a \times b$ 二因子设计。在实验设计中需要有 $a \times b$ 种实验水平的配对组合，每一个实验水平的组合可以选择重复或不重复执行于实验单位。

在因子设计中可以评量各实验变量对实验结果的个别效果。由于交互作用的存在，这个个别效果也称为主要效果。将各种实验水平的配对组合重复地执行为实验单位时，可以评量两个实验变量之间是否具有交互作用或交叉效果。交互作用是指其中一个实验变量与实验结果之间的关系型态，会受另一个实验变量于不同水平而产生显著的改变之情况。

二因子设计之特点是指 2 个实验因子的实验设计、集区设计可依实际需要加入或不加入。

(1) 二因子实验

在 A 和 B 二因子实验中，若没有进行重复实验时，就不需要考虑交互作用的影响。

二因子实验效果配置图见图 3-1。

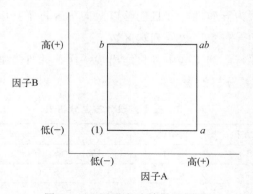

图 3-1　二因子实验效果配置图

依据图 3-1，则可计算因子的主效果：

① 因子 A 主效果：$\dfrac{ab+a}{2}-\dfrac{b+(1)}{2}=\dfrac{1}{2}[ab+a-b-(1)]$。

② 因子 B 主效果：$\dfrac{ab+b}{2}-\dfrac{a+(1)}{2}=\dfrac{1}{2}[ab+b-a-(1)]$。

③ 因子 AB 交互效果：B 在高水平时 A 的效果与 B 在低水平时 A 的效果的平均差异。

$$\frac{ab-b}{2}-\frac{a-(1)}{2}=\frac{1}{2}[ab+(1)-a-b]$$

(2) 二因子方差分析

二因子无重复实验设计与重复实验设计的方差分析分别见表 3-4 与表 3-5。

表 3-4　二因子设计方差分析表（无重复实验）

变异来源	平方和	自由度	均方	F 值
因子 A	SS_A	$a-1$	$MS_A=SS_A/(a-1)$	MS_A/MS_E
因子 B	SS_B	$b-1$	$MS_B=SS_B/(b-1)$	MS_B/MS_E
误差	SS_E	$(a-1)(b-1)$	$MS_E=SS_E/(a-1)(b-1)$	
合计	SS_T	$nT-1$		

表 3-5　二因子设计方差分析表（重复实验）

变异来源	平方和	自由度	均方	F 值
因子 A	SS_A	$a-1$	$MS_A=SS_A/(a-1)$	MS_A/MS_E
因子 B	SS_B	$b-1$	$MS_B=SS_B/(b-1)$	MS_B/MS_E
交互作用	SS_{AB}	$(a-1)(b-1)$	$MS_{AB}=SS_{AB}/(a-1)(b-1)$	MS_B/MS_{AB}
误差	SS_E	$ab(r-1)$	$MS_E=SS_E/(a-1)(b-1)$	
合计	SS_T	$nT-1$		

3.3　要因法实验范例——光盘膜层

(1) 实验目的

某光盘公司需要依据研发部的实验结果，来决定 2.6GB（1×）DVD-RAM 光盘的膜层结构。其中记录层、介电层、反射层的厚度要以较小的间隔，例如 10Å（$1Å=10^{-10}$ m）进行实验，才能获得精准的结果，同时也将记录的（抖动）列为重要量测特性。

本实验为 3 因子多水平实验，利用 PlusTech DDU-1000 量测 14T 之载子噪声比（CNR）、擦拭率、抖动（jitter）的特性值，在分析各特性值之方差分析及相互交叉表决定最佳的膜层结构。

（2）实验因子与水平

本实验的实验因子与水平见表 3-6、表 3-7。

表 3-6　实验因子与水平（下介电层较厚）

因子代号	因子	水平 1	水平 2	水平 3
A	下介电层厚度	1400Å	1500Å	1600Å
B	记录层厚度	180Å	260Å	
C	上介电层厚度	230Å	270Å	310Å

表 3-7　实验因子与水平（下介电层较薄）

因子代号	因子	水平 1	水平 2	水平 3	水平 4	水平 5
A	下介电层厚度	800Å	900Å	1000Å	1100Å	1200Å
B	记录层厚度	180Å	260Å			
C	上介电层厚度	230Å	270Å	310Å		

（3）实验固定参数设定

本实验的实验固定参数设定见表 3-8。

表 3-8　实验固定参数设定说明

实验固定参数	设定条件
记录层成分	● $Ge_{39}Sb_9Te_{49}\text{-}Se_3$（T-01） ● $Ge_{20}Sb_{26}Te_{54}$（T-02）
白片沟轨深度	70nm
反射层	Al-Ti 质量分数 1.5% 1100Å
实验机台	Cube 为实验机台，溅镀参数参考现场生产制程

（4）DVD-RAM 光盘膜层结构实验配置

下介电层较厚与下介电层较薄的 DVD-RAM 光盘膜层结构实验配置见表 3-9、表 3-10。

表 3-9　DVD-RAM 光盘膜层结构实验配置（下介电层较厚）

实验代号	下介电层/Å	记录层/Å	上介电层/Å	反射层/Å
H-1	1400	180	230	1100
H-2	1400	180	270	1100
H-3	1400	180	310	1100
H-4	1400	260	230	1100
H-5	1400	260	270	1100
H-6	1400	260	310	1100
H-7	1500	180	230	1100
H-8	1500	180	270	1100
H-9	1500	180	310	1100
H-10	1500	260	230	1100
H-11	1500	260	270	1100
H-12	1500	260	310	1100
H-13	1600	180	230	1100
H-14	1600	180	270	1100
H-15	1600	180	310	1100
H-16	1600	260	230	1100
H-17	1600	260	270	1100
H-18	1600	260	310	1100

表 3-10　DVD-RAM 光盘膜层结构实验配置（下介电层较薄）

实验代号	下介电层/Å	记录层/Å	上介电层/Å	反射层/Å
L-1	800	180	230	1100
L-2	800	180	270	1100
L-3	800	180	310	1100
L-4	800	260	230	1100
L-5	800	260	270	1100
L-6	800	260	310	1100
L-7	900	180	230	1100
L-8	900	180	270	1100
L-9	900	180	310	1100
L-10	900	260	230	1100
L-11	900	260	270	1100
L-12	900	260	310	1100

续表

实验代号	下介电层/Å	记录层/Å	上介电层/Å	反射层/Å
L-13	1000	180	230	1100
L-14	1000	180	270	1100
L-15	1000	180	310	1100
L-16	1000	260	230	1100
L-17	1000	260	270	1100
L-18	1000	260	310	1100
L-19	1100	180	230	1100
L-20	1100	180	270	1100
L-21	1100	180	310	1100
L-22	1100	260	230	1100
L-23	1100	260	270	1100
L-24	1100	260	310	1100
L-25	1200	180	230	1100
L-26	1200	180	270	1100
L-27	1200	180	310	1100
L-28	1200	260	230	1100
L-29	1200	260	270	1100
L-30	1200	260	310	1100

(5) 特性测量

以 PlusTec DDU-1000 DVD-RAM 测试仪进行特性测量。激光写擦功率为：$P_w = 11mW$，$P_e = 5mW$。记录：

① 重复读写区域 14T 信号之 CNR 值；

② 重复读写区域 14T 信号之擦拭率；

③ 重复读写区域 14T 信号之 jitter 值。

(6) 实验资料及说明

① 由实验数据可以了解，靶材 T-01 进行了 T-01-H-xx 及 T-01-L-xx 两次实验，由量测的情况及比较可以了解下介电层太厚对于各特性并无太大的帮助，故 T-02 只进行 T-02-L-xx 实验。

② 此次的实验数据由测量平面及沟谷的三个位置组成，适合用田口博士所建议的信噪比（S/N）加以分析，故分析时均以特性值之 S/N 为准。

③ 将 T-01、T-02 之实验数据进行方差分析找出影响 14T 之 CNR、擦拭率及 jitter 的显著性及最佳条件。

（7）实验资料分析

① T-01 靶材之 H-系列

a. CNR 特性方差分析见表 3-11。

表 3-11　T-01 靶材 H-系列 CNR 方差分析表

变异来源	平方和	自由度	均方	F 值	显著性
A×B	609.64	2	304.82	29.41	＊＊
A	474.36	2	237.18	22.88	＊＊
B	208.63	1	208.63	20.13	＊
A×C	160.07	4	40.02	3.86	
B×C	113.98	2	56.99	5.50	
C	23.45	2	11.73	1.13	
e（误差）	41.46	4	10.36		

注：＊＊为统计学上的非常显著；＊为统计学上的显著。

b. 擦拭率特性方差分析见表 3-12。

表 3-12　T-01 靶材 H-系列擦拭率方差分析表

变异来源	平方和	自由度	均方	F 值	显著性
A×B	346.23	2	173.12	39.25	＊＊
B×C	141.80	2	70.90	16.08	＊
B	123.00	1	123.00	27.89	＊＊
A	100.50	2	50.25	11.39	＊
A×C	88.56	4	22.14	5.02	
C	0.42	2	0.21	0.05	
e（误差）	17.64	4	4.41		

c. jitter 特性方差分析见表 3-13。

表 3-13　T-01 靶材 H-系列 jitter 方差分析表

变异来源	平方和	自由度	均方	F 值	显著性
A×B	58.76	2	29.38	5.34	
A	57.31	2	28.66	5.20	
B	36.27	1	36.27	6.59	
A×C	11.52	4	2.88	0.52	
B×C	1.14	2	0.57	0.10	
C	4.34	2	2.17	0.39	
e（误差）	22.03	4	5.51		

d. 交叉分析表见表 3-14。

表 3-14　T-01 靶材 H-系列交叉分析表

因子	A	B	C	A×B	B×C	A×C
CNR	A_1	B_2	C_1	A_1B_1	B_2C_3	A_2C_1
显著性	* *	*		* *		
贡献率	28%	12%		36%		
擦拭率	A_1	B_2	C_1	A_1B_1	B_2C_3	A_1C_2
显著性	*	* *		* *	*	
贡献率	11%	14%		41%	16%	
jitter	A_1	B_2	C_3	A_1B_1	B_1C_1	A_1C_3
显著性						
贡献率						
较佳条件	A_1	B_1，B_2	C_3			

e. 最佳条件推论

由方差分析及交叉分析表，T-01 靶材制作之光盘全部的特性值而言，A×B，即下介电层及记录层的交互作用非常的显著。由学理上的推导而言，下介电层与记录层要形成抗反射层才会使激光在记录层做记录，所以 A、B 两因子在此的作用只用如此简单的实验设计会混沌不清。但在此实验，可推测 T-01 靶材对 70nm 白片的最佳条件是 $A_1B_1C_3$，也就是膜层结构为 1400Å/180Å/310Å/1100Å（其中 1100Å 是最后反射层的厚度，为一个固定值）。

② T-01 靶材之 L-系列

a. CNR 特性方差分析见表 3-15。

表 3-15　T-01 靶材 L-系列 CNR 方差分析表

变异来源	平方和	自由度	均方	F 值	显著性
B	60.84	1	60.84	249.99	* *
A	27.63	4	6.91	28.38	* *
A×B	17.67	4	4.42	18.15	* *
C	2.57	2	1.28	5.28	*
A×C	1.67	8	0.21	0.86	
B×C	0.66	2	0.33	1.35	
e（误差）	1.95	8	0.24		

b. 擦拭率特性方差分析见表 3-16。

表 3-16　T-01 靶材 L-系列擦拭率方差分析表

变异来源	平方和	自由度	均方	F 值	显著性
C	90.08	2	45.04	13.62	＊＊
A×B	76.43	4	19.11	5.78	＊
B×C	61.70	2	30.85	9.33	＊＊
A×C	58.76	8	7.34	2.22	
A	25.79	4	6.45	1.95	
B	11.69	1	11.69	3.53	
e（误差）	26.46	8	3.31		

c. jitter 特性方差分析见表 3-17。

表 3-17　T-01 靶材 L-系列 jitter 方差分析表

变异来源	平方和	自由度	均方	F 值	显著性
B	432.34	1	432.34	241.28	＊＊
A	189.36	4	47.34	26.42	＊＊
A×B	99.97	4	24.99	13.95	＊＊
A×C	18.74	8	2.34	1.31	
C	9.32	2	4.66	2.60	
B×C	0.70	2	0.35	0.19	
e（误差）	14.33	8	1.79		

d. 交叉分析表见表 3-18。

表 3-18　T-01 靶材 L-系列交叉分析表

因子	A	B	C	A×B	B×C	A×C
CNR	A_1	B_1	C_3	A_1B_1	B_1C_3	A_3C_1
显著性	＊＊	＊＊	＊	＊＊		
贡献率	24％	54％	2％	15％		
擦拭率	A_2	B_2	C_1	A_2B_2	B_1C_1	A_2C_1
显著性			＊＊	＊	＊＊	
贡献率			24％	42％	16％	
jitter	A_1	B_1	C_3	A_1B_1	B_1C_3	A_3C_1
显著性	＊＊	＊＊		＊＊		
贡献率	24％	56％		12％		
较佳条件	A_1	B_1	C_1			

e. 最佳条件推论

由方差分析及交叉分析表，T-01 靶材在下介电层较薄的实验中，B，即记录层厚度是一个非常重要的因子。而 A×B，即下介电层厚度及记录层厚度的交互作用非常显著。由此实验，可推测 T-01 靶材对 70nm 白片的最佳条件是 $A_1B_1C_1$，也就是膜层结构为 800Å/180Å/230Å/1100Å。

③ T-02 靶材之 L-系列

a. CNR 特性方差分析见表 3-19。

表 3-19　T-02 靶材 L-系列 CNR 方差分析表

变异来源	平方和	自由度	均方	F 值	显著性
A×B	2.30	4	0.58	3.59	
A×C	1.80	8	0.23	1.41	
C	1.46	2	0.73	4.55	*
A	1.39	4	0.35	2.17	
B×C	0.21	2	0.11	0.66	
B	0.19	1	0.19	1.20	
e（误差）	1.28	8	0.16		

b. 擦拭率特性方差分析见表 3-20。

表 3-20　T-02 靶材 L-系列擦拭率方差分析表

变异来源	平方和	自由度	均方	F 值	显著性
A	302.25	4	75.56	20.93	＊＊
B	228.44	1	228.44	63.28	＊＊
C	225.37	2	112.68	31.22	＊＊
A×C	18.07	8	2.26	0.63	
B×C	5.93	2	2.97	0.82	
A×B	4.53	4	1.13	0.31	
e（误差）	28.88	8	3.61		

c. jitter 特性方差分析见表 3-21。

表 3-21　T-02 靶材 L-系列 jitter 方差分析表

变异来源	平方和	自由度	均方	F 值	显著性
A×C	25.04	8	3.13	1.49	
A	18.62	4	4.66	2.22	
A×B	13.38	4	3.35	1.59	
C	12.76	2	6.38	3.04	
B	8.23	1	8.23	3.92	
B×C	1.20	2	0.60	0.29	
e（误差）	16.78	8	2.10		

d. 交叉分析表见表 3-22。

表 3-22 T-02 靶材 L-系列交叉分析表

因子	A	B	C	A×B	B×C	A×C
CNR	A_3	B_1	C_1	A_5B_1	B_1C_1	A_1C_1
显著性			*			
贡献率			13%			
擦拭率	A_5	B_2	C_1	A_5B_2	B_1C_2	A_5C_1
显著性	＊＊	＊＊	＊＊			
贡献率	35%	28%	27%			
jitter	A_5	B_1	C_1	A_5B_1	B_1C_1	A_4C_1
显著性						
贡献率						
较佳条件	A_5	B_2	C_1			

e. 最佳条件推论

由方差分析及交叉分析表，T-02 靶材在下介电层较薄的实验中，对实验材料而言，在两种特性的误差的贡献都大于 50%，由统计学上的推论，所测量的材料有问题，应该重新测量或再进行一次实验。但由此实验，可推测 T-02 靶材对 70nm 白片的最佳条件是 $A_5B_2C_1$，也就是膜层结构为 1200Å/260Å/230Å/1100Å。

(8) 结论

本实验由于所采用的手法为要因实验法，可看出 A、B、C 三个因子均有交互作用，但是效应并不大。但可以推测以下光盘膜层结构之电气特性符合规格值（表 3-23）。

表 3-23 光盘膜层结构推估表

代号	下介电层/Å	记录层/Å	上介电层/Å	反射层/Å
T-01-H	1400	180	310	1100
T-01-L	800	180	230	1100
T-02-L	1200	260	230	1100

第 **4** 章
实验设计——正交表法

4.1 正交配置与正交表

4.1.1 正交实验设计

综合单因子实验与多因子实验的优点，后来衍生出正交表的技术。正交表能保有全因子实验的优点，考虑各个因子对实验的影响，找出因子间的交互作用，并利用可控因子的设计而减少所需的实验次数。正交表实验不仅能明确地显示实验的特性，也大大减少了成本，提高了实验设计的可靠性。

在正交表中，每一种水平都必须存在，且出现次数相同，即任何两行因素水平的组合都出现，且出现的次数相同。而因任何两行的因子呈正交的关系，不互相影响，故称作正交表。

经由正交特性进行实验有以下两项优点：

① 由于存在正交性，对任一因子的任一水平而言，其他因子的高低水平都成对出现，因此经计算后，其他因子的影响效果将会相互抵消，可增加实验的再现性。

② 应用正交表，可减少实验的次数，可减少时间与成本，增加经济效益。

4.1.2 正交表

在某一实验中考虑三个主要因子 A、B 与 C，且每一个因子各有 2 种选择水平 1 和 2，根据排列组合的观念，若要得到最佳的结果，必须做完 $2^3 = 8$ 次实验，列于表 4-1 中，其中 y_i 为第 i 次实验之结果。

表 4-1　2 个水平之因子的实验

实验代号 ＼ 因子列	A	B	C	实验结果
1	1	1	1	y_1
2	1	1	2	y_2
3	1	2	1	y_3
4	1	2	2	y_4
5	2	1	1	y_5
6	2	1	2	y_6（最大）
7	2	2	1	y_7
8	2	2	2	y_8

根据实验的结果，假设实验为望大特性，即选择实验结果为最大，假设为 y_6，则最佳组合即为 A 取水平 2、B 取水平 1 与 C 取水平 2。

这种方法可信度相当高，但若有多于 3 个因子且每一个因子的水平数并非只有 2 种，必须做相当多次的实验。

一般而言，常用的正交表为 2^n、3^n 型之正交表，亦有 $2^n \times 3^n$ 组合型，依上述实验为例，可记为 $L_8(2^7)$，其中 7 为因子个数，2 为水平数，8 为所需实验次数。

4.1.3　2^n 型正交表 $L_8(2^7)$

正交表主要是将因子与水平，以正交方式排列组合在一起的一种实验配置表，习惯上是以 $L_a(b^c)$ 表示，2^n 型正交表 $L_8(2^7)$ 见表 4-2。

表 4-2　2^n 型正交表 $L_8(2^7)$

实验代号	因子列						
	1	2	3	4	5	6	7
1	1	1	1	1	1	1	1
2	1	1	1	2	2	2	2
3	1	2	2	1	1	2	2
4	1	2	2	2	2	1	1

实验代号	因子列						
	1	2	3	4	5	6	7
5	2	1	2	1	2	1	2
6	2	1	2	2	1	2	1
7	2	2	1	1	2	2	1
8	2	2	1	2	1	1	2
成分	a	b	ab	c	ac	bc	abc

2^n 型正交表 $L_8(2^7)$ 表格及符号说明如下：

① L：来自于传统实验设计的拉丁方设计，故以 L 表示（latin square）。

② 8：实验的次数为 8 次。

③ 2：每个因子的水平数皆为 2。

④ 7：正交表上共有 7 列，代表该正交表最多可配置 7 个因子，也就是正交表的自由度。

⑤ 代号栏：表示实验代号，实验代号不代表实验顺序。

⑥ 列：有 1~7 表示实验因子可以配置进去的位置。

⑦ 成分符号：用以表示任两行的交互作用。

⑧ 表内的符号：1 代表水平 1，2 代表水平 2。

在表 4-2 中，假定每一行均视为一向量，则可发现两两互相垂直，即正交，此乃正交表之名称由来。也因为如此，因子彼此间不会互相影响，故在做因子效果评估时，可将每一个因子对质量的影响独立出来。

田口博士在执行正交表设计实验时，事实上即是进行全因子实验中的部分因子实验，认为高次交互作用对实验的影响很小，故可忽略。因为只考虑低次的交互作用，利用正交表实验，可以大大减少所需的实验次数。

由 $L_8(2^7)$ 正交表，可知正交表有如下的特性：

(1) 正交特性

在数学上，视正交表的任意两行为向量，则任意两行的乘积与另一行相同，则依据 n 个固定的向量，可以推导出整个正交表，例如设定 L_8 中的第 1、第 2 与第 4 行，可以推导出整个 $L_8(2^7)$ 正交表。

(2) 实验次数少

若有 7 个因子 2 水平的实验，全要因子实验要执行 128 次，但是执行 L_8 表只需要 8 次实验。

（3）良好的再现性

对于各因子而言，每个水平都做了 4 次实验，再现性良好。

（4）可以正确分析实验数据

4.1.4　2^n 型正交表 $L_{16}(2^{15})$

由于实验的因子通常并非 2 个或 3 个，因此有扩充之时，例如，$L_{16}(2^{15})$ 其展开形式见表 4-3。

表 4-3　2^n 型正交表 $L_{16}(2^{15})$

因子列 实验代号	1	2	3	4	5	6	7	8	9	10	11	12	13	14	15
1	1	1	1	1	1	1	1	1	1	1	1	1	1	1	1
2	1	1	1	1	1	1	1	2	2	2	2	2	2	2	2
3	1	1	1	2	2	2	2	1	1	1	1	2	2	2	2
4	1	1	1	2	2	2	2	2	2	2	2	1	1	1	1
5	1	2	2	1	1	2	2	1	1	2	2	1	1	2	2
6	1	2	2	1	1	2	2	2	2	1	1	2	2	1	1
7	1	2	2	2	2	1	1	1	1	2	2	2	2	1	1
8	1	2	2	2	2	1	1	2	2	1	1	1	1	2	2
9	2	1	2	1	2	1	2	1	2	1	2	1	2	1	2
10	2	1	2	1	2	1	2	2	1	2	1	2	1	2	1
11	2	1	2	2	1	2	1	1	2	1	2	2	1	2	1
12	2	1	2	2	1	2	1	2	1	2	1	1	2	1	2
13	2	2	1	1	2	2	1	1	2	2	1	1	2	2	1
14	2	2	1	1	2	2	1	2	1	1	2	2	1	1	2
15	2	2	1	2	1	1	2	1	2	2	1	2	1	1	2
16	2	2	1	2	1	1	2	2	1	1	2	1	2	2	1
成分	a	b	ab	c	ac	bc	abc	d	ad	bd	abd	cd	acd	bcd	abcd

4.1.5　3^n 型正交表 $L_9(3^4)$

3^n 型正交表，是在一个复数平面上，将复数单位圆作 3 等分的切割，然后标定为 3 水平的记号，也就是 $x^3-1=0$ 之解。其中，三个根为 1、ω 与 ω^2，假设 1 代表水平 1，ω 代表水平 2，而 ω^2 为水平 3。采用最简单型 $L_9(3^4)$ 为例，见表 4-4。

表 4-4 3^n 型正交表 $L_9(3^4)$

因子列 实验代号	1	2	3	4	因子列 实验代号	1	2	3	4
1	1	1	1	1	1	1	1	1	1
2	1	ω	ω	ω	2	1	2	2	2
3	1	ω^2	ω^2	ω^2	3	1	3	3	3
4	ω	1	ω	ω^2	4	2	1	2	3
5	ω	ω	ω^2	1	5	2	2	3	1
6	ω	ω^2	1	ω	6	2	3	1	2
7	ω^2	1	ω^2	ω	7	3	1	3	2
8	ω^2	ω	1	ω^2	8	3	2	1	3
9	ω^2	ω^2	ω	1	9	3	3	2	1
成分	a	b	ab	a^2b/ab^2	成分	a	b	ab	a^2b/ab^2

4.2 正交表实验

正交设计是实验设计体系中简单实用的一种方法，正交表实验设计的操作步骤如下。

步骤 1：明确质量改善和实验目的。

步骤 2：选择响应变量（即质量特性）。

注意区分指标的三种情形：望小，望大，望目。

步骤 3：确定因子及水平。

步骤 4：制定实验计划（选择正交表）。

步骤 5：进行实验，测定实验结果。

① 实验的顺序应当随机化；

② 每次实验的环境条件基本相同；

③ 确定样本大小；

④ 记录响应数据，还应包括环境数据；

⑤ 确保计量系统可信（MSA）；

⑥ 填列数据时要仔细，不要填错位置。

步骤 6：建立模型，分析数据。

步骤 7：分析资料，做出实验结论。

① 选优准则

a.若是望大特性，则取最大响应所对应的水平；

b. 若是望小特性，则取最小响应所对应的水平；

c. 若是望目特性，则取适中响应所对应的水平。

② 工程推断

a. 显著因子排列；

b. 最优因子水平组合。

4.2.1　正交表实验配置说明

(1) 正交表的选择——自由度

正交表可以通过计算其因子的总自由度（df，degree of freedom）之后来选择。

① 因子的自由度：计算公式为"水平数－1"。2 水平的因子，自由度为 $2-1=1$，3 水平的因子，自由度为 $3-1=2$

② 交互作用的自由度：如果有交互作用，则每一个交互作用都视同为一个因子。交互作用的自由度则为两个或多个因子的水平数减 1 的乘积。例如：1 个 3 水平及一个 2 水平的因子交互作用，自由度为 $(3-1)×(2-1)=2$。

③ 2 水平实验选择正交表：某个实验有 7 个 2 水平的因子，3 个交互作用，则整个实验的自由度为 $7×(2-1)+3×(2-1)×(2-1)=7+3=10$。因为 $L_8(2^7)$ 的自由度为 7，$L_{16}(2^{15})$ 的自由度为 15，本实验的自由度 10 大于 8，小于 15，所以可以选用 $L_{16}(2^{15})$。

④ 3 水平实验选择正交表：某个实验有 4 个 3 水平的因子，2 个交互作用，则整个实验的自由度为 $4×(3-1)+2×(3-1)×(3-1)=8+8=16$。因为 $L_{27}(3^{13})$ 的自由度为 13，$L_{81}(3^{40})$ 的自由度为 40，本实验的自由度 16 大于 13，小于 40，所以可以选用 $L_{81}(3^{40})$。

(2) $L_8(2^7)$ 正交配置

以 $L_8(2^7)$ 表为例，配置见表 4-5。

表 4-5　$L_8(2^7)$ 正交配置设计

实验代号 ＼ 因子列	1	2	3	4	5	6	7
1	1	1	1	1	1	1	1
2	1	1	1	2	2	2	2
3	1	2	2	1	1	2	2
4	1	2	2	2	2	1	1

续表

实验代号 \ 因子列	1	2	3	4	5	6	7
5	2	1	2	1	2	1	2
6	2	1	2	2	1	2	1
7	2	2	1	1	2	2	1
8	2	2	1	2	1	1	2
成分	a	b	ab	c	ac	bc	abc

(3) $L_8(2^7)$ 正交配置——无交互作用

由于正交表上任意两行都正交，则在 $L_8(2^7)$ 表上 1、2、3 行配置 A、B、C 三个因子，在 5、6、7 行配置 A、B、C 三个因子，见表 4-6。

表 4-6 $L_8(2^7)$ 因子配置表——无交互作用

配置因子	A	B	C		A	B	C
实验代号 \ 因子列	1	2	3	4	5	6	7
1	1	1	1	1	1	1	1
2	1	1	1	2	2	2	2
3	1	2	2	1	1	2	2
4	1	2	2	2	2	1	1
5	2	1	2	1	2	1	2
6	2	1	2	2	1	2	1
7	2	2	1	1	2	2	1
8	2	2	1	2	1	1	2

当 A、B、C3 因子配置于 1、2、3 行时：

实验代号 1 为因子水平组合 $A_1 B_1 C_1$ 的实验；

实验代号 2 为因子水平组合 $A_1 B_1 C_1$ 的实验；

实验代号 3 为因子水平组合 $A_1 B_2 C_2$ 的实验；

实验代号 4 为因子水平组合 $A_1 B_2 C_2$ 的实验；

实验代号 5 为因子水平组合 $A_2 B_1 C_2$ 的实验；

实验代号 6 为因子水平组合 $A_2 B_1 C_2$ 的实验；

实验代号 7 为因子水平组合 $A_2 B_2 C_1$ 的实验；

实验代号 8 为因子水平组合 $A_2 B_2 C_1$ 的实验。

当 A、B、C3 因子配置于 5、6、7 行时：

实验代号 1 为因子水平组合 $A_1 B_1 C_1$ 的实验；

实验代号 2 为因子水平组合 $A_2 B_2 C_2$ 的实验；

实验代号 3 为因子水平组合 $A_1 B_2 C_2$ 的实验；

实验代号 4 为因子水平组合 $A_2 B_1 C_1$ 的实验；

实验代号 5 为因子水平组合 $A_2 B_1 C_2$ 的实验；

实验代号 6 为因子水平组合 $A_1 B_2 C_1$ 的实验；

实验代号 7 为因子水平组合 $A_2 B_2 C_1$ 的实验；

实验代号 8 为因子水平组合 $A_1 B_1 C_2$ 的实验。

（4）$L_8(2^7)$ 正交配置——有交互作用

由于正交表的任意两行都是正交的，因此在 L_8 表的第一行和第二行配置因子 A 和 B。根据成分栏中的表示，A×B 的相互作用在第 3 行，所以除了第 3 行，C 可以放在任何一行。

如果 C 放在第 3 行，因为第 3 行为 A×B 相互作用，则 C 的作用会和 A×B 的作用混淆，C 的主要效果与 A×B 的相互作用会分不开，所以 C 不能在第 3 行。有交互作用的 $L_8(2^7)$ 正交配置见表 4-7。

表 4-7　$L_8(2^7)$ 正交配置表——有交互作用

配置因子	A	B	A×B	C			
因子列　　　实验代号	1	2	3	4	5	6	7
1	1	1	1	1	1	1	1
2	1	1	1	2	2	2	2
3	1	2	2	1	1	2	2
4	1	2	2	2	2	1	1
5	2	1	2	1	2	1	2
6	2	1	2	2	1	2	1
7	2	2	1	1	2	2	1
8	2	2	1	2	1	1	2
成分符号	a	b	ab	c	ac	bc	abc

实验代号 1 为因子水平组合 $A_1 B_1 C_1$ 的实验；

实验代号 2 为因子水平组合 $A_1 B_1 C_2$ 的实验；

实验代号 3 为因子水平组合 $A_1 B_2 C_1$ 的实验；

实验代号 4 为因子水平组合 $A_1 B_2 C_2$ 的实验；

实验代号 5 为因子水平组合 $A_2 B_1 C_1$ 的实验；

实验代号 6 为因子水平组合 $A_2 B_1 C_2$ 的实验；

实验代号 7 为因子水平组合 $A_2 B_2 C_1$ 的实验；

实验代号 8 为因子水平组合 $A_2 B_2 C_2$ 的实验。

也可以用查表的方式决定每 2 个因子的交互作用配置行，见表 4-8。

表 4-8　$L_8(2^7)$ 表的交互作用配置表

因子列	1	2	3	4	5	6	7
1	(1)	3	2	5	4	7	6
2		(2)	1	6	7	4	5
3			(3)	7	6	5	4
4				(4)	1	2	3
5					(5)	3	2
6						(6)	1
7							(7)

另一种决定 $L_8(2^7)$ 表交互作用方法，可以用点线图，见图 4-1。

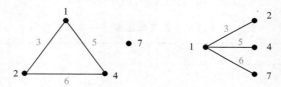

图 4-1　正交表 $L_8(2^7)$ 交互作用的点线图

如图 4-1 所示，A 和 B 也可以放在 $L_8(2^7)$ 表的第 2 行和第 4 行，因为 $A \times B$ 的交互作用放在第 6 行，所以除了第 6 行，C 可以放在任何行。

由于 A 和 B 配置在 $L_8(2^7)$ 表的第 2 行和第 4 行，而 $A \times B$ 的交互作用在第 6 行，如果在第 6 行配置 C，C 的主效应会和交互作用混淆，无法了解 C 主效果，C 可以在第 3 行进行配置。如上所述，配置结果见表 4-9。

表 4-9　$L_8(2^7)$ 正交配置表——有交互作用

配置因子		A	C	B		$A \times B$	
实验代号 因子列	1	2	3	4	5	6	7
1	1	1	1	1	1	1	1
2	1	1	1	2	2	2	2

续表

配置因子		A	C	B		A×B	
因子列 实验代号	1	2	3	4	5	6	7
3	1	2	2	1	1	2	2
4	1	2	2	2	2	1	1
5	2	1	2	1	2	1	2
6	2	1	2	2	1	2	1
7	2	2	1	1	2	2	1
8	2	2	1	2	1	1	2

实验代号 1 为因子水平组合 $A_1 B_1 C_1$ 的实验；

实验代号 2 为因子水平组合 $A_1 B_2 C_1$ 的实验；

实验代号 3 为因子水平组合 $A_2 B_1 C_2$ 的实验；

实验代号 4 为因子水平组合 $A_2 B_2 C_2$ 的实验；

实验代号 5 为因子水平组合 $A_1 B_1 C_2$ 的实验；

实验代号 6 为因子水平组合 $A_1 B_2 C_2$ 的实验；

实验代号 7 为因子水平组合 $A_2 B_1 C_1$ 的实验；

实验代号 8 为因子水平组合 $A_2 B_2 C_1$ 的实验。

4.2.2　正交表实验配置范例

(1) 正交表配置——$L_8(2^7)$

有 5 个因子 A、B、C、D、F，交互作用 A×B、B×F 存在，则 $L_8(2^7)$ 正交配置步骤见表 4-10。

表 4-10　$L_8(2^7)$ 正交配置设定步骤

步骤	实例解说
① 计算自由度	自由度，df＝5＋2＝7
② 选择合适的正交表	$L_8(2^7)$ 具有 7 个自由度，可以使用
③ 画出因子与交互作用的点线图	绘出因子与交互作用的点线图

步骤	实例解说
④ 从标准点线图中选择一个适当的	选择 L_8 点线图 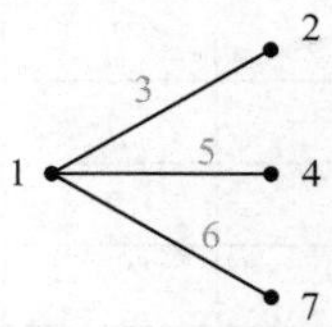
⑤ 将因子配置于点线图并加以修改	点线图配置完成 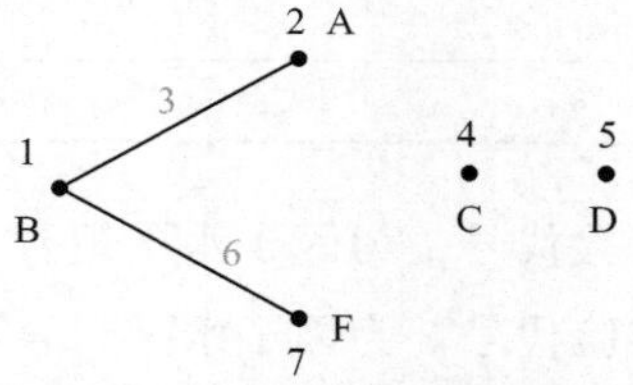

将因子与交互作用配置到各相对应的行中，见表 4-11。

表 4-11 $L_8(2^7)$ 正交配置表——有交互作用

配置因子 实验代号 \ 因子列	B	A	A×B	C	D	B×F	F
	1	2	3	4	5	6	7
1	1	1	1	1	1	1	1
2	1	1	1	2	2	2	2
3	1	2	2	1	1	2	2
4	1	2	2	2	2	1	1
5	2	1	2	1	2	1	2
6	2	1	2	2	1	2	1
7	2	2	1	1	2	2	1
8	2	2	1	2	1	1	2

依据表 4-11，实验指示书见表 4-12。

表 4-12 $L_8(2^7)$ 实验指示书

配置因子 实验代号	B	A	C	D	F
1	1	1	1	1	1
2	1	1	2	2	2
3	1	2	1	1	2

实验代号 \ 配置因子	B	A	C	D	F
4	1	2	2	2	1
5	2	1	1	2	2
6	2	1	2	1	1
7	2	2	1	2	1
8	2	2	2	1	2

（2）正交表配置——$L_{16}(2^{15})$

某实验有 7 个因子 A、B、C、D、F、G、H，均为 2 水平，而交互作用 $A \times C$、$B \times C$、$A \times D$、$A \times F$、$A \times G$、$A \times H$、$G \times F$、$G \times H$ 存在，则正交配置设定步骤见表 4-13。

表 4-13　$L_{16}(2^{15})$ 正交配置设定步骤

步骤	实例解说
①计算自由度	自由度，df＝7＋8＝15
②选择合适的正交表	$L_{16}(2^{15})$ 具有 15 个自由度，可以使用
③画出因子与交互作用的点线图	绘出因子与交互作用的点线图 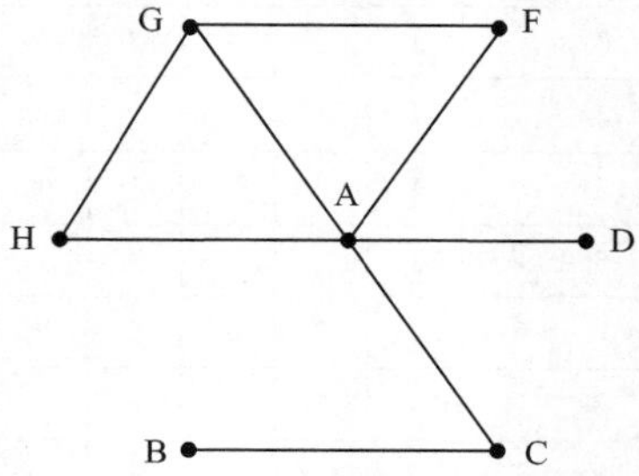
④从标准点线图中选择一个适当的	选择 $L_{16}(2^{15})$ 点线图 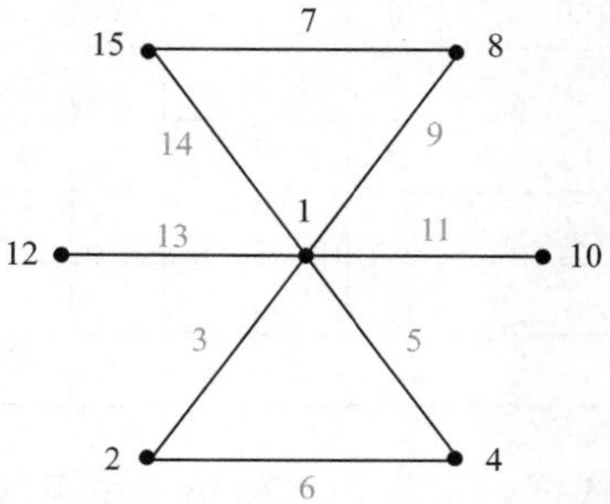

续表

步骤	实例解说
⑤将因子配置于点线图并加以修改	点线图配置完成 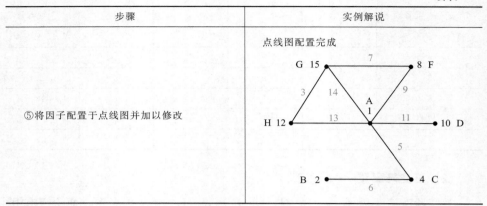

　　将因子与交互作用配置到各相对应的行中，见表 4-14。

表 4-14　$L_{16}(2^{15})$ 正交配置表——有交互作用

配置因子 实验代号 \ 因子列	A 1	B 2	G×H 3	C 4	A×C 5	B×C 6	G×F 7	F 8	A×F 9	D 10	A×D 11	H 12	A×H 13	A×G 14	G 15
1	1	1	1	1	1	1	1	1	1	1	1	1	1	1	1
2	1	1	1	1	1	1	1	2	2	2	2	2	2	2	2
3	1	1	1	2	2	2	2	1	1	1	1	2	2	2	2
4	1	1	1	2	2	2	2	2	2	2	2	1	1	1	1
5	1	2	2	1	1	2	2	1	1	2	2	1	1	2	2
6	1	2	2	1	1	2	2	2	2	1	1	2	2	1	1
7	1	2	2	2	2	1	1	1	1	2	2	2	2	1	1
8	1	2	2	2	2	1	1	2	2	1	1	1	1	2	2
9	2	1	2	1	2	1	2	1	2	1	2	1	2	1	2
10	2	1	2	1	2	1	2	2	1	2	1	2	1	2	1
11	2	1	2	2	1	2	1	1	2	1	2	2	1	2	1
12	2	1	2	2	1	2	1	2	1	2	1	1	2	1	2
13	2	2	1	1	2	2	1	1	2	2	1	1	2	2	1
14	2	2	1	1	2	2	1	2	1	1	2	2	1	1	2
15	2	2	1	2	1	1	2	1	2	2	1	2	1	1	2
16	2	2	1	2	1	1	2	2	1	1	2	1	2	2	1

　　依据表 4-14，实验指示书见表 4-15。

表 4-15　$L_{16}(2^{15})$　正交实验指示书

配置因子 实验代号	A	B	C	F	D	H	G
1	1	1	1	1	1	1	1
2	1	1	1	2	2	2	2
3	1	1	2	1	1	2	2
4	1	1	2	2	2	1	1
5	1	2	1	1	2	1	2
6	1	2	1	2	1	2	1
7	1	2	2	1	2	2	1
8	1	2	2	2	1	1	2
9	2	1	1	1	1	1	2
10	2	1	1	2	2	2	1
11	2	1	2	1	1	2	1
12	2	1	2	2	2	1	2
13	2	2	1	1	2	1	1
14	2	2	1	2	1	2	2
15	2	2	2	1	2	2	2
16	2	2	2	2	1	1	1

4.2.3　使用正交表的注意事项

① 因子怕少不怕多。实验中过少的因子常易遗漏影响力大的要素，而造成实验的失败。在正交实验中，因子数目的增加未必就会增加实验的次数。在执行正交实验的时候，由于选用的正交表实验的次数是固定的，如果因子之间没有交互作用的话，不要浪费自由度，可以将所有可能影响实验的因子排入实验，事后再依后续的数据分析判定实验因子的影响力。

② 交互作用容易被忽略。除非有明显的证据能证明交互作用不存在，否则都要设定有交互作用，在正交表上要避开交互作用。

4.3　2^n 正交表实验范例

4.3.1　环氧树脂评价

（1）实验说明

一般的正交表实验，都不是筛选实验，通常是特定区域内的数值实验。但是某公司的工程师想对两种环氧树脂进行评估，因此执行一个 L_8 表实验，把不同种类的环氧树脂当成一个因子，进行筛选实验。

（2）实验设计

本实验材料为由供应厂商取得的其封装用的两种环氧树脂。黏合的基板则以硅晶圆作为可行性基板。由于环氧树脂是两段式硬化，以及在执行晶圆黏合时要加压。故针对环氧树脂的种类、短烤时是否要让晶圆黏合及长烤时有无加压等进行实验。同时由切割完毕的基板测量结果判定各因子的最佳条件及交互作用。

（3）实验特性分析项目

本实验的特性分析项目说明，见表 4-16。

表 4-16　实验特性分析项目说明

项次	特性值	规格	测量设备
1	切割后的黏着性 （望大特性）	＞8.0	以镊子戳，以 1～10 为等级区分，越大越好
2	均匀等级 （望大特性）	＞8.0	目视，以 1～10 为等级区分，越大越好

（4）实验因子水平

影响本实验的因子水平见表 4-17。

表 4-17　实验因子水平一览

因子	代号	水平 1	水平 2	交互作用
环氧树脂种类	A	A6671	A2260	A×B
短烤-黏合	B	不黏合	黏合	B×C
长烤-加压	C	加压	不加压	A×C

（5）实验正交配置

设计一个 3 因子、2 水平的正交配置实验，除了 A、B、C 以外，假设 A×B、B×C、A×C 交互作用存在。采用 $L_8(2^7)$ 正交表，将主效果与交互作用分开，配置见表 4-18。

（6）实验固定参数设定

影响本实验的固定参数设定见表 4-19。

（7）实验指示书与特性测量数据

本实验指示书与特性测量数据见表 4-20。

表 4-18　$L_8(2^7)$ 实验配置

配置因子	A	B	A×B	C	A×C	B×C	
因子列 实验代号	1	2	3	4	5	6	7
1	1	1	1	1	1	1	1
2	1	1	1	2	2	2	2
3	1	2	2	1	1	2	2
4	1	2	2	2	2	1	1
5	2	1	2	1	2	1	2
6	2	1	2	2	1	2	1
7	2	2	1	1	2	2	1
8	2	2	1	2	1	1	2

表 4-19　实验固定参数设定

参数	设定条件
接合的基板	Si(100) 晶圆
短烤	120℃，1h
长烤	140℃，3h

表 4-20　实验指示书与特性测量数据

实验代号	环氧树脂种类	短烤-黏合	长烤-加压	切割后的黏着性	均匀等级
1	A6671	不黏合	加压	9.5	5
2	A6671	不黏合	不加压	5.0	1
3	A6671	黏合	加压	10.0	9
4	A6671	黏合	不加压	10.0	8
5	A2260	不黏合	加压	10.0	5
6	A2260	不黏合	不加压	7.5	3
7	A2260	黏合	加压	10.0	9
8	A2260	黏合	不加压	10.0	9

(8) 实验数据分析

① 切割后的黏着性

a. 实验因子水平响应图

实验测量数据经过计算，主效果与交互作用分别绘制见图 4-2。

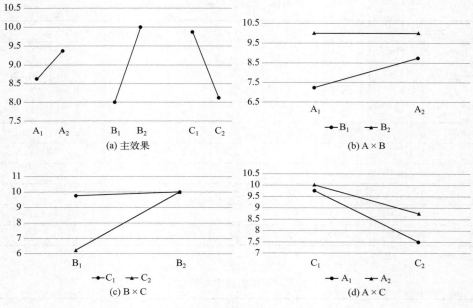

图 4-2　因子水平响应图

b. 方差分析

实验测量数据方差分析见表 4-21。

表 4-21　实验测量数据方差分析表

变异来源	平方和	自由度	均方	F 值	贡献率/%	显著性
B	8	1	8	11.29411	31.03	*
B×C	6.125	1	6.125	8.647058	23.05	
C	6.125	1	6.125	8.647058	23.05	
A	1.125	1	1.125	1.588235	1.77	
e（误差）	2.125	3	0.7083		21.09	
St=23.0					@t=78.90	

注：St 表示平方和的总和；@t 表示贡献率的总和。

c. 切割后的黏着性的最佳条件：$A_2 B_2 C_1$。

② 均匀等级

a. 实验因子水平响应图

实验测量数据经过计算，主效果与交互作用分别绘制见图 4-3。

b. 方差分析

实验测量数据方差分析见表 4-22。

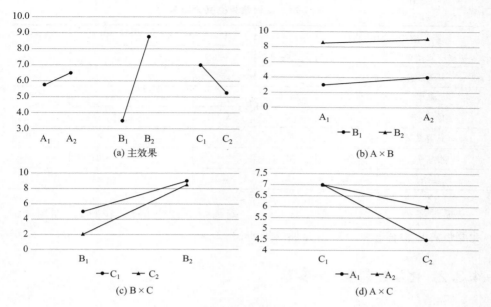

图 4-3 因子水平响应图

表 4-22 实验资料方差分析表

变异来源	平方和	自由度	均方	F 值	贡献率/%	显著性
B	55.125	1	55.125	120.28	81.74	＊＊
B×C	6.125	1	6.125	12.36	8.47	＊
C	3.125	1	3.125	6.81	3.98	
A	1.125	1	1.125	2.45	0.99	
e（误差）	1.375	3	0.4583		4.80	
St＝66.875					@t＝95.20	

c. 等级的最佳条件：$A_2B_2C_1$。

(9) 实验总结

① B 因子，也就是在短烤时有无黏合是最重要的影响因素。

② 贡献率第二大的是 B×C：在短烤时有无黏合及长烤是否加压的交互作用。由实验数据来看，只要 B 因子，也就是在短烤时黏合，后面要不要加压，影响不大。

③ 贡献率第三大的是 C：长烤是否加压。A 因子排第四，表示环氧树脂的种类比较无所谓，不过还是 A2260 的环氧树脂比较好。

综合以上结论，做交叉分析见表 4-23。

表 4-23　实验结果交叉分析表

因子	A	B	C	A×B	B×C	A×C
切割后的黏着性	A_2	B_2	C_1			
显著性		*				
贡献率		31.03				
均匀等级	A_2	B_2	C_1		$B_2 \times C_1$	
显著性		* *			*	
贡献率		81.74			8.47	
较佳条件	A_2	B_2	C_1		$B_2 \times C_1$	

最佳条件：$A_2 B_2 C_1$ 或 $A_2 B_2 C_2$。也就是用 A2260 的环氧树脂，在短烤时就要将芯片黏合起来，要不要加压无所谓。

4.3.2　化学蚀刻液配方实验

(1) 实验目的

某公司生产发光二极管，其中一道步骤为铝金属的化学蚀刻，以往都是厂商购买商用的产品，但是有一天由于采购的疏忽，无法供货，新货要 1 个月才能进厂，所以该厂的化学蚀刻工程就完全停顿。

本实验是自行配制蚀刻液，首先以三种不同的配方测试，然后找出其中最好的配方用"实验设计"的方式来找出较佳的铝金属化学蚀刻配方。

(2) 实验特性分析项目

本次铝蚀刻实验特性分析项目，见表 4-24。

表 4-24　铝蚀刻实验特性分析项目

项次	特性值	规格	测量设备或方法
1	铝蚀刻后铝垫的直径与光罩尺寸的百分比，中心区域	接近 100%（望目特性）	用显微镜及测量软件测量后计算
2	铝蚀刻后铝垫的直径与光罩尺寸的百分比，边缘区域	接近 100%（望目特性）	用显微镜及测量软件测量后计算

(3) 预备实验

先观看商用铝蚀刻液的空瓶上的商标及成分，发现成分为硝酸、醋酸、磷酸，比例不知道。上网查找数据，查询参考书，询问专家，得到的成分与实验结果见表 4-25。

表 4-25 铝蚀刻液预备实验结果

项次	来源	成分（容积比）	结果
1	半导体书籍所查询到的结果	磷酸＝50，硝酸＝2，醋酸＝10，水＝9，65℃	效果差
2	半导体书籍所查询到的结果，专家说很好	磷酸＝85，硝酸＝5，醋酸＝5，水＝5，40～45℃	效果好
3	网络所查询到的结果	磷酸＝16，硝酸＝1，醋酸＝2，水＝1	效果差

由初步的实验结果，可以看出：磷酸＝85，硝酸＝5，醋酸＝5，水＝5，40～45℃的实验结果最好，离100%的目标很近。

（4）实验固定参数设定

本实验固定参数设定为现场车间所使用的条件，见表4-26。

表 4-26 铝蚀刻液预备实验固定参数设定

项次	参数	设定条件
1	铝垫掩板上圆的直径	$303\mu m$
2	铝蚀刻时间	90min
3	铝蚀刻温度	50℃

（5）实验因子水平

本实验因子一共有 4 个，假设其中硝酸、醋酸、磷酸相互之间都有交互作用，交互作用有 3 个。在一次实验中将因子筛选出来，设计一个 $L_8(2^7)$ 实验，因子水平一览见表4-27。

表 4-27 实验因子与水平一览

因子	因子代号	水平1	水平2	交互作用
磷酸	A	85	90	A×B
硝酸	B	5	10	B×C
醋酸	C	5	10	A×C
水	D	5	10	

考虑因子的主效果与交互作用，绘制本实验的因子点线图，见图4-4。

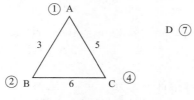

图 4-4 实验因子点线图

（6）实验指示书与实验记录

依据点线图配置实验指示书，制作完蚀刻液后，进行铝蚀刻实验。测量晶圆中心区域及边缘区域的铝蚀刻后的直径与掩板尺寸的百分比，结果见表 4-28。

表 4-28　实验指示书与实验记录

实验代号	磷酸	硝酸	醋酸	水	中心区域（平均值）	边缘区域（平均值）
1	85	5	5	5	93.993 %	99.66 %
2	85	5	10	10	96.357 %	99.41 %
3	85	10	5	10	96.193 %	99.213 %
4	85	10	10	5	95.803 %	99.84 %
5	90	5	5	10	97.113 %	99.767 %
6	90	5	10	5	96.887 %	99.47 %
7	90	10	5	5	96.33 %	100.03 %
8	90	10	10	10	96.03 %	98.96 %

（7）资料分析

① 中心区域

a. 实验因子水平响应图

实验测量数据经过计算，效果响应绘制见图 4-5。

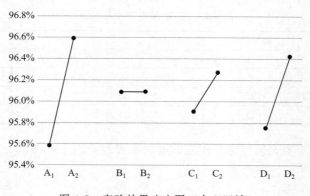

图 4-5　实验效果响应图（中心区域）

b. 方差分析

实验测量数据方差分析见表 4-29。

表 4-29　中心区域数据方差分析表

变异来源	平方和	自由度	均方	F 值	贡献率/%	显著性	p 值
A	2.01	1	2.01	1.2	31.95		0.471
AB	1.35	1	1.35	0.8	21.41		0.535
BC	1.00	1	1.00	0.6	15.86		0.582
C	0.26	1	0.26	0.2	4.16		0.760
B	0.00	1	0.00	0.0	0.00		0.999
e（误差）	1.0	2	0.52	1.0	16.5		0.423
SS_T	6.3			ST%	100		

② 边缘区域

a. 实验因子水平响应图

实验测量数据经过计算，效果响应绘制见图 4-6。

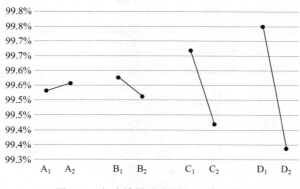

图 4-6　实验效果响应图（边缘区域）

b. 方差分析

实验测量数据方差分析见表 4-30。

表 4-30　边缘区域数据方差分析表

变异来源	平方和	自由度	均方	F 值	贡献率/%	显著性	p 值
AC	0.38	1	0.38	47.7	44.00	*	0.092
D	0.34	1	0.34	42.7	39.37	*	0.097
C	0.12	1	0.12	15.4	14.07		0.159
B	0.01	1	0.01	1.1	0.85		0.486
A	0.00	1	0.00	0.2	0.00		0.751
e（误差）	0.0	2	0.00	1.0	0.6		0.423
SS_T	0.86			ST%	96.77		

③ 因子组合

a. 中心区域的最佳组合为 $A_2B_1C_2D_2$，即磷酸：硝酸：醋酸：水＝90：5：10：10。

b. 边缘区域的最佳组合为 $A_2B_1C_1D_1$，即磷酸：硝酸：醋酸：水＝90：5：5：5。

④ 交叉分析表

实验结果交叉分析见表 4-31。

表 4-31　实验结果交叉分析表

特性值	A	B	C	D	A×B	B×C	A×C
中心区域	A_2	B_1，B_2	C_2	D_2			
显著性							
贡献率	31.95%				21.41%	15.86%	
边缘区域	A_2	B_1	C_1	D_1			A_2C_1
显著性			*	*			*
贡献率			14.07%	39.37%			44.00%
较佳条件	A_2	B_1	C_1	D_1			

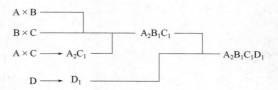

（8）验证实验

将上两个配方再进行一次验证实验，得出最佳组合 $A_2B_1C_1D_1$，即磷酸：硝酸：醋酸：水＝90：5：5：5。

（9）追加实验

将最佳组合磷酸：硝酸：醋酸：水＝90：5：5：5 执行 3 批量及 3 种不同的产品，共 9 次实验，结果都在设计公差内。

（10）实验检讨

① 此次实验中，磷酸及水的含量为重要的显著因子，显示如果要调配铝蚀刻液，这两项要尤其注意。硝酸的量不能太多，醋酸是与磷酸互为制衡的因子。

② 商用的铝蚀刻液会再添加磷酸钠及表面活性剂，本实验为厂内自行配制，没有保存的必要，可以不必添加。

(11) **实验结论**

本实验是一个很典型的实验设计的范例，一开始公司工程师在试过各种配方都不行以后，便以纯磷酸作为铝蚀刻液，但要很小心地控制磷酸的温度及蚀刻的时间，而且实验的重复性很差，使重工率也大增。

在执行过实验设计以后，找到一组新配方，让结果达到了理想的效果。书上及网络上公布的配方会有误差说明有些化学药剂的配方可能与时间、地点、实验人、材料的成分及不纯物的种类及浓度还有使用的机器设备有关。

所以，有些公司进行技术转移过后，一直会有"水土不服"的现象，还是要以现时、现地、现人、现材料的成分及不纯物的种类及浓度及使用的机器设备重新实验一次，这次的实验就是一个很好的例子。

4.4　2^n，3^n 正交表实验范例

(1) **实验说明**

本实验是某公司以实验设计进行 4 靶溅镀机的认证实验，所使用的溅镀靶材为 $ZnS\text{-}SiO_2$，所要测量的特性为薄膜厚度的均匀度及折射率（n），能隙（E_g）值，以期能从结果数据分析出最适条件，并探讨各控制因子之间的交互作用。

这个实验是以 2 个不同水平正交表执行的实验，与一般正交表的实验不一样。第 1 次所使用的正交表为 L_8，目的为筛选出因子的显著性与水平，而第 2 次的实验是用 L_9 表，目的为固定住第 1 次实验的成果，检验所固定的实验因子与水平的工作条件。

(2) **实验特性分析项目**

本次 4 靶溅镀机实验特性分析项目，见表 4-32。

表 4-32　4 靶溅镀机实验特性分析项目

项次	项目	规格	测量设备
1	薄膜厚度的变异系数	<1% （望小值）	n & k[①] 测量仪
2	薄膜的折射率（n）	越小越好 （望小值）	n & k 测量仪
3	薄膜的能隙（E_g）	越大越好 （望大值）	n & k 测量仪

① 光线对物体的消散因子。

4.4.1　第一阶段实验计划

(1) 实验因子与水平

本实验因子共有 5 个，假设因子相互之间有交互作用，讨论出 5 个交互作用，实验因子与水平见表 4-33。

表 4-33　实验因子与水平

因子	因子代号	水平 1	水平 2	交互作用
转速	A	2 格	8 格	A×B
真空压力	B	10^{-5}mTorr	$5×10^{-6}$mTorr	B×C
溅镀功率	C	150W	300W	C×F
氩气流量（标准状况）	D	3mL/min	10mL/min	C×D
膜厚	F	30nm	80nm	A×F

注：1torr＝1mmHg＝$1.33322×10^2$Pa。

考虑因子的主效果与交互作用，绘制本实验的因子点线图，见图 4-7。

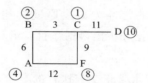

图 4-7　实验因子点线图

(2) 实验正交配置

在一次实验中将因子筛选出来，用 $L_{16}(2^{15})$ 进行配置，见表 4-34。

表 4-34　$L_{16}(2^{15})$ 实验正交配置

配置因子	C	B	B×C	A		A×B		F	C×F	D	C×D	A×F			
实验代号	1	2	3	4	5	6	7	8	9	10	11	12	13	14	15
1	1	1	1	1	1	1	1	1	1	1	1	1	1	1	1
2	1	1	1	1	1	1	1	2	2	2	2	2	2	2	2
3	1	1	1	2	2	2	2	1	1	1	1	2	2	2	2
4	1	1	1	2	2	2	2	2	2	2	2	1	1	1	1
5	1	2	2	1	1	2	2	1	1	2	2	1	1	2	2
6	1	2	2	1	1	2	2	2	2	1	1	2	2	1	1

续表

配置因子	C	B	B×C	A		A×B		F	C×F	D	C×D	A×F		
7	1	2	2	2	2	1	1	1	1	2	2	2	2	1
8	1	2	2	2	2	1	1	2	2	1	1	1	1	2
9	2	1	2	1	2	1	2	1	2	1	2	1	2	1
10	2	1	2	1	2	1	2	2	1	2	1	2	1	2
11	2	1	2	1	2	2	1	1	2	2	1	2	2	1
12	2	1	2	1	2	2	1	2	1	2	1	2	1	2
13	2	2	1	1	2	1	1	1	2	2	1	1	2	1
14	2	2	1	1	2	1	1	2	1	1	2	1	1	2
15	2	2	1	2	1	1	2	1	2	2	1	2	1	2
16	2	2	1	2	1	1	2	2	1	1	2	1	2	1

(3) 实验数据

本实验数据，见表4-35。

表 4-35　实验数据

实验代号	薄膜厚度			折射率（n）	能阶（E_g）/eV
	平均值	标准偏差	变异系数（CV）	平均值	平均值
1	277.6	0.5	0.20%	2.072	3.36
2	814.4	2.3	0.28%	2.065	3.30
3	290.8	0.4	0.15%	2.070	3.25
4	797.0	2.2	0.28%	2.060	3.28
5	303.2	0.4	0.15%	2.107	3.18
6	768.6	1.5	0.20%	2.086	3.01
7	267.6	0.5	0.20%	2.079	3.44
8	884.8	7.9	0.89%	2.061	3.22
9	324.6	4.2	1.28%	2.076	3.11
10	766.0	5.7	0.74%	2.101	3.14
11	305.6	0.5	0.18%	2.075	3.17
12	741.4	1.3	0.18%	2.100	3.08
13	335.2	0.4	0.13%	2.116	3.10
14	816.6	0.5	0.07%	2.120	3.07
15	279.4	0.5	0.20%	2.094	3.31
16	881.6	0.9	0.10%	2.129	3.15

(4) 实验因子水平响应图

实验测量数据经过计算，膜厚均匀度（CV）效果响应绘制见图 4-8。

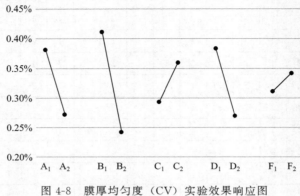

图 4-8　膜厚均匀度（CV）实验效果响应图

折射率（n）效果响应绘制见图 4-9。

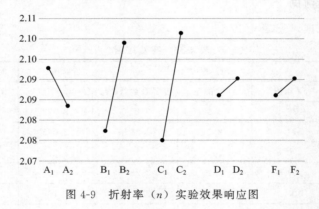

图 4-9　折射率（n）实验效果响应图

能阶（E_g）效果响应绘制见图 4-10。

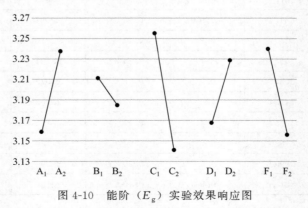

图 4-10　能阶（E_g）实验效果响应图

（5）方差分析

膜厚均匀度（CV）、折射率（n）以及能阶（E_g）的方差分析见表 4-36～表 4-38。

表 4-36　膜厚均匀度（CV）方差分析表

变异来源	平方和	自由度	均方	F 值	贡献率/%	显著性
AB	0.41	1	0.41	4.39	18.17	
BC	0.36	1	0.36	3.92	15.66	
CF	0.17	1	0.17	1.84	4.49	
B	0.11	1	0.11	1.23	1.23	
AF	0.09	1	0.09	0.96	0.24	
D	0.05	1	0.05	0.56	2.37	
A	0.05	1	0.05	0.51	2.62	
C	0.02	1	0.02	0.19	4.35	
F	0.00	1	0.00	0.04	5.14	
CD	0.00	1	0.00	0.02	5.28	
e（误差）	0.46	5	0.09		40.46	

表 4-37　折射率（n）方差分析表

变异来源	平方和	自由度	均方	F 值	贡献率/%	显著性
C	0.0028	1	0.0028	42.77	37.65	＊＊
B	0.0019	1	0.0019	28.75	25.01	＊＊
CF	0.0013	1	0.0013	20.20	17.30	＊＊
A	0.0004	1	0.0004	5.40	3.97	
AB	0.0002	1	0.0002	3.12	1.91	
BC	0.0001	1	0.0001	1.61	0.55	
F	0.0001	1	0.0001	1.05	0.04	
D	0.0001	1	0.0001	1.05	0.04	
e（误差）	0.0005	7	0.0001		13.52	

表 4-38　能隙（E_g）方差分析表

变异来源	平方和	自由度	均方	F 值	贡献率/%	显著性
C	0.07	1	0.07	30.55	27.86	＊＊
AB	0.04	1	0.04	18.79	16.77	＊＊
F	0.03	1	0.03	14.39	12.62	＊＊

续表

变异来源	平方和	自由度	均方	F 值	贡献率/%	显著性
A	0.03	1	0.03	14.39	12.62	* *
BC	0.02	1	0.02	10.57	9.02	*
D	0.01	1	0.01	5.68	4.42	*
CD	0.01	1	0.01	3.01	1.89	
B	0.00	1	0.00	1.69	0.65	
e（误差）	0.01	7	0.00		14.14	

（6）多特性值交叉分析表

实验结果交叉分析见表 4-39。

表 4-39　实验结果交叉分析表

因子特性	A	B	C	D	F	A×B	B×C	C×D	A×F	C×F
膜厚均匀度（CV）	A_2	B_2	C_1	D_2	F_1					
显著性										
贡献率										
折射率（n）	A_2	B_1	C_1	D_1	F_2					C_1F_2
显著性			* *							* *
贡献率			37.65							17.30
能阶（E_g）	A_2	B_2	C_1	D_2	F_1	A_2B_2	B_2C_1			
显著性	* *		* *	*	* *	* *	*			
贡献率	12.62		27.86	4.42	12.62	16.77	9.02			
较佳条件	A_2	B_2	C_1	D_2	F_1					

（7）第一阶段实验结论

① 对于 CV 而言，从数据分析及方差分析来看，所有的 CV 都远小于 5%，而且没有显著因子的产生，误差项的贡献率＞30%，所以这台 4 靶溅镀机的膜厚均匀度在此次的制程参数范围内都可以很轻易地达到。而此次实验所列的水平值是极端值，所以可以认定这台设备的均匀度可以达到所需的规格。

② 对于 n 而言，C（溅镀功率）、B（真空压力）及 C×F（溅镀功率与膜厚的交互作用）为非常显著因子。则在执行下次实验时，要控制折射率则要从 C（溅镀功率）、B（真空压力）这两项因子着手。

③ 对于 E_g 而言，C（溅镀功率）、A×B（转速与真空压力的交互作用）、F（膜厚）及 A（转速）为非常显著因子。B×C（真空压力与溅镀功率的交互作用）及 D（氩气流量）为显著因子。则在执行实验时，控制 E_g 值则要考虑 C、A×B、F、A、B×C、D。

4.4.2　第二阶段实验计划

（1）因子与水平对照表

依据第一阶段实验结果，挑选 3 个最重要的因子，假设相互之间有 1 个交互作用，实验因子与水平见表 4-40。

表 4-40　实验因子与水平一览

因子	因子代号	水平 1	水平 2	水平 3	交互作用
真空压力	B	$5×10^{-6}$	$1×10^{-5}$	$5×10^{-5}$	B×C
溅镀功率	C	100	150	200	
氩气流量	D	3	6	9	

注：水平 1：有利端；水平 2：保险端；水平 3：期望端。

考虑因子的主效果与交互作用，绘制本实验的因子点线图，见图 4-11。

①B —— 3, 4 —— C②

图 4-11　实验因子点线图

（2）实验固定参数设定

实验固定参数设定，见表 4-41。

表 4-41　实验固定参数

因子代号	因子	设定条件
A	转速	8 格
F	膜厚	30nm

（3）实验正交配置

本实验为 3 水平正交实验，用 $L_{27}(3^{13})$ 进行配置，见表 4-42。

（4）实验数据

本实验数据，见表 4-43。

表 4-42 $L_{27}(3^{13})$ 实验正交配置

配置因子 \ 因子列 \ 实验代号	B	C	B×C	B×C					D				
	1	2	3	4	5	6	7	8	9	10	11	12	13
1	1	1	1	1	1	1	1	1	1	1	1	1	1
2	1	1	1	1	2	2	2	2	2	2	2	2	2
3	1	1	1	1	3	3	3	3	3	3	3	3	3
4	1	2	2	2	1	1	1	2	2	2	3	3	3
5	1	2	2	2	2	2	2	3	3	3	1	1	1
6	1	2	2	2	3	3	3	1	1	1	2	2	2
7	1	3	3	3	1	1	1	3	3	3	2	2	2
8	1	3	3	3	2	2	2	1	1	1	3	3	3
9	1	3	3	3	3	3	3	2	2	2	1	1	1
10	2	1	2	3	1	2	3	1	2	1	1	2	3
11	2	1	2	3	2	3	1	2	3	2	3	3	1
12	2	1	2	3	3	1	2	3	1	3	3	1	2
13	2	2	3	1	1	2	3	2	3	3	3	1	2
14	2	2	3	1	2	3	1	3	1	1	1	2	3
15	2	2	3	1	3	1	2	1	2	2	2	3	1
16	2	3	1	2	1	2	3	3	1	2	2	3	1
17	2	3	1	2	2	3	1	1	2	3	3	1	2
18	2	3	1	2	3	1	2	2	3	1	1	2	3
19	3	1	3	2	1	3	2	1	3	1	1	3	2
20	3	1	3	2	2	1	3	2	1	2	2	1	3
21	3	1	3	2	3	2	1	3	2	3	3	2	1
22	3	2	1	3	1	3	2	2	1	3	3	2	1
23	3	2	1	3	2	1	3	3	2	1	1	3	2
24	3	2	1	3	3	2	1	1	3	2	2	1	3
25	3	3	2	1	1	3	2	3	2	2	2	1	3
26	3	3	2	1	2	1	3	1	3	3	3	2	1
27	3	3	2	1	3	2	1	2	1	1	1	3	2

表 4-43　实验资料

实验代号	薄膜厚度			折射率（n）平均值	能阶（E_g）平均值/eV
	平均值	标准偏差	变异系数（CV）		
1	284.2	1.5	0.52%	2.034	3.59
2	295.6	1.8	0.61%	2.038	3.58
3	279.2	1.6	0.59%	2.027	3.62
4	284.2	1.5	0.52%	2.071	3.55
5	282.0	1.2	0.43%	2.069	3.56
6	303.6	4.7	1.56%	2.086	3.53
7	289.6	1.8	0.63%	2.079	3.44
8	317.6	1.1	0.36%	2.097	3.34
9	329.8	2.2	0.66%	2.107	3.29
10	282.4	0.5	0.19%	2.002	3.66
11	338.4	1.3	0.40%	1.937	3.77
12	281.2	2.6	0.92%	2.024	3.61
13	327.8	2.3	0.70%	2.094	3.31
14	308.6	1.5	0.49%	2.044	3.46
15	315.8	2.2	0.69%	2.061	3.47
16	327.8	0.4	0.14%	2.091	3.25
17	303.2	2.2	0.72%	2.101	3.39
18	266.2	3.9	1.46%	2.066	3.52
19	324.0	1.2	0.38%	1.948	3.78
20	283.2	0.4	0.16%	2.063	3.55
21	295.4	2.8	0.95%	2.056	3.53
22	338.8	3.0	0.90%	1.975	3.39
23	322.0	1.2	0.38%	1.977	3.74
24	302.2	0.8	0.28%	1.988	3.68
25	312.0	1.2	0.39%	2.015	3.54
26	332.2	2.4	0.72%	2.011	3.57
27	303.4	0.5	0.18%	2.039	3.56

(5) 方差分析

膜厚均匀度（CV）、折射率（n）以及能阶（E_g）的方差分析见表 4-44～表 4-46。

表 4-44 膜厚均匀度 (CV) 方差分析表

变异来源	平方和	自由度	均方	F 值	贡献率/%	显著性
BC	39.90	4	9.97	1.13	2.01	
D	18.32	2	9.16	1.04	0.30	
C	16.59	2	8.30	0.94	0.45	
B	15.33	2	7.66	0.87	0.99	
e (误差)	141.02	16	8.81		96.25	

表 4-45 折射率 (n) 方差分析表

变异来源	平方和	自由度	均方	F 值	贡献率/%	显著性
B	0.02	2	0.01	11.07	25.93	* *
BC	0.01	4	0.00	4.40	17.48	
C	0.01	2	0.01	8.52	19.35	* *
D	0.00	2	0.00	2.47	3.79	
e (误差)	0.01	16	0.00		33.46	

表 4-46 能隙 (E_g) 方差分析表

变异来源	平方和	自由度	均方	F 值	贡献率/%	显著性
C	0.18	2	0.09	10.54	32.06	* *
BC	0.08	4	0.02	2.41	9.46	
B	0.06	2	0.03	3.32	7.78	
D	0.05	2	0.03	3.08	7.00	
e (误差)	0.14	16	0.01		43.70	

(6) 第二阶段实验结论

① 对于 CV 而言,从数据分析及方差分析来看,所有的 CV 都远小于 5%,而且没有显著因子的产生,误差项的贡献率>30%,所以这台 4 靶溅镀机的膜厚均匀度在此次的制程参数范围内都可以很轻易地达到。所以第二阶段的实验可以验证这台设备的均匀度。

② 对于 n 而言,B (真空压力) 为非常显著因子。B (真空压力)、C (溅镀功率) 这两项因子非常敏感,所以 B、C 这两个因子各水平间的显著性不大。

③ 对于 E_g 而言,C (溅镀功率) 非常敏感为非常显著因子,C_1 与 C_2 的差异不大,C_1 与 C_3 及 C_2 与 C_3 之间的差异较大。

(7) 4 靶溅镀机最佳条件

依据第一阶段、第二阶段的实验结果，4 靶溅镀机最佳条件见表 4-47。

表 4-47 4 靶溅镀机最佳条件

因子	因子代号	最适条件
转速	A	8 格
真空压力	B	$(7.5 \pm 2.5) \times 10^{-6}$ mTorr[①]
溅镀功率	C	(150 ± 50) W
氩气流量（标准状况）	D	9mL/min
膜厚	F	30nm

① 1mTorr＝0.133322Pa。

4.5 正交表优化制程实验范例

本实验范例是某公司以黏合剂 BCB 作为黏合发光二极管（LED）基板与铝的要因实验，原本想用 1 次 L_8 表来解决问题，实际上却花费了 3 次实验才解决了问题。

4.5.1 第一次实验

(1) 实验目的

本实验是某公司 BCB 作为 LED 晶圆接合铝的筛选实验，依照实验设计的方法，设计一个 L_8 表的实验，同时也一并探讨各控制因子间的交互作用。

(2) 实验特性值分析项目

本次 BCB 黏合实验特性值分析项目见表 4-48。

表 4-48 实验特性值分析项目

项次	特性值	规格	测量设备或方法
1	蚀刻后，基板被剥离的面积占比	＞90%	目视测量

(3) 实验因子与水平对照表

依据以往实验结果，挑选出 4 个最重要的因子，假设因子相互之间有 3 个交互作用，实验因子与水平见表 4-49。

表 4-49　实验因子水平一览

因子	因子代号	水平 1	水平 2	交互作用
软烤时间	A	5min	15min	B×C
压合压力	B	5kgf①	15kgf	C×D
基板	C	SiN$_x$-Al-Cr-Si	SiN$_x$-玻璃	B×D
硬烤	D	有	无	

① 1kgf＝9.80665N。

(4) 实验指示书与实验结果

依据点线图配置实验指示书进行实验，测量样品剥离后面积占比，结果见表 4-50。

表 4-50　实验指示书与实验结果

实验代号	软烤时间	压合压力	基板	硬烤	剥离的面积占比/%
1	5min	5kgf	SiN$_x$-Al-Cr-Si	有	2
2	5min	5kgf	SiN$_x$-玻璃	无	98
3	5min	15kgf	SiN$_x$-玻璃	有	1
4	5min	15kgf	SiN$_x$-Al-Cr-Si	无	96
5	15min	5kgf	SiN$_x$-玻璃	有	5
6	15min	5kgf	SiN$_x$-Al-Cr-Si	无	90
7	15min	15kgf	SiN$_x$-Al-Cr-Si	有	1
8	15min	15kgf	SiN$_x$-玻璃	无	85

(5) 实验因子水平响应图

实验测量数据经过计算，效果响应绘制见图 4-12。

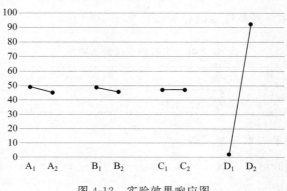

图 4-12　实验效果响应图

(6) 方差分析

本实验数据方差分析，见表 4-51。

表 4-51　实验数据方差分析表

变异来源	平方和	自由度	均方	F 值	贡献率/%	显著性
D	16200	1	16200	9720	99.29	＊＊
BD	60.5	1	60.5	96.3	0.36	＊＊
B	32	1	32	19.2	0.18	＊
C	18	1	18	10.8	0.10	＊
e（误差）	5	3			0.07	

(7) 最佳条件

本实验最佳条件：$A_1(A_2)B_2 C_2 D_1$。

也就是：基板的材质没有影响，只要有 SiN_x 层都可以接合。软烤时间 15min，压力 15kgf，但是一定要经过“硬烤的 300℃热处理”。

(8) 实验总结

在方差分析中，D 因子，也就是“硬烤的 300℃热处理”为贡献率最大的因子，有经过热处理及没有经过热处理的显著差异。而其他的因子的贡献率都很低，所以可以发现只要有 SiN_x 层作为粘接层，其他的制程条件，如软烤时间、压合压力只要在一定范围内，都可以制造。

4.5.2　第二次实验

(1) 实验目的

本实验是 BCB 作为 LED 晶圆接合铝的优化实验，本次依照实验设计的方法，设计一个正交表实验，同时也探讨控制因子间的交互作用。

(2) 实验特性分析项目

本次 BCB 黏合实验特性分析项目，见表 4-52。

表 4-52　实验特性值分析项目

项次	特性值	规格	测量设备或方法
1	蚀刻后，基板没有翘曲、气泡的面积占比	＞90%	目视测量

(3) 实验因子水平

本实验是优化实验，因子一共有 8 个，交互作用有 3 个，实验因子水平见表 4-53。

表 4-53　实验因子水平一览

因子	因子代号	水平 1	水平 2	交互作用
BCB 旋镀参数	A	500r/min, 5s	500r/min, 10s	
软烤温度	B	70℃	90℃	
软烤时间	C	3min	10min	
压合压力	D	4kgf	10kgf	B×C
固化温度	F	200℃	250℃	F×G
固化时间	G	20min	40min	H×I
硬烤温度	H	300℃	350℃	
硬烤时间	I	3min	10min	

（4）实验指示书与实验结果

依据点线图配置实验指示书进行实验，测量样品蚀刻后，基板没有翘曲、气泡的面积占比，结果见表 4-54。

表 4-54　实验指示书与实验资料

实验代号	BCB 旋镀时间/s	软烤温度/℃	软烤时间/min	压合压力/kgf	固化温度/℃	固化时间/min	硬烤温度/℃	硬烤时间/min	没有翘曲气泡占比/%
1	5	70	3	4	200	20	300	3	5
2	5	70	10	4	200	40	300	10	5
3	5	90	3	10	250	20	350	3	15
4	5	90	10	10	250	40	350	10	20
5	5	70	3	4	250	20	350	10	10
6	5	70	10	4	250	40	350	3	20
7	5	90	3	10	200	20	300	10	25
8	5	90	10	10	200	40	300	3	25
9	10	70	3	10	250	40	300	10	30
10	10	70	10	10	250	20	300	3	5
11	10	90	3	4	200	40	350	10	10
12	10	90	10	4	200	20	350	3	10
13	10	70	3	10	200	40	350	3	10
14	10	70	10	10	200	20	350	10	15
15	10	90	3	4	250	40	300	10	20
16	10	90	10	4	250	20	300	10	20

(5) 实验因子水平响应图

实验测量数据经过计算，效果响应绘制见图 4-13。

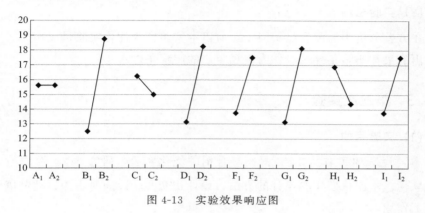

图 4-13　实验效果响应图

(6) 方差分析

本实验数据方差分析，见表 4-55。

表 4-55　实验数据方差分析表

变异来源	平方和	自由度	均方	F 值	贡献率/%	显著性
B	156.25	1	156.25	3.38	12.32	
D	100	1	100	2.17	6.03	
FG	100	1	100	2.17	6.03	
G	100	1	100	2.17	6.03	
F	56.25	1	56.25	1.22	1.13	
BC	6.25	1	6.25	0.13	4.45	
C	6.25	1	6.25	0.13	4.45	
e（误差）	368.75	8	46.09	46.09	59.53	

(7) 最佳条件

$A_1（A_2）B_2 C_1 D_2 F_2 G_2 H_1 I_2$，具体如下：

BCB 旋镀参数：500r/min，与时间无关。

软烤温度：90℃。

软烤时间：3min。

压合压力：10kgf。

固化温度：250℃。

固化时间：40min。

硬烤温度：300℃。

硬烤时间：10min。

(8) 实验总结

在方差分析中，没有显著因子，所以本实验作为优化实验是成功的。由此所找出的最佳实验条件可以作为现场生产的制程条件参考。

4.5.3 第三次实验

(1) 实验目的

本实验是 BCB 作为 LED 晶圆接合铝的优化实验，研究 SiN_x 性质与 BCB 的关联性。本次依照实验设计的方法，设计正交实验。同时也探讨控制因子间的交互作用。

(2) 实验特性分析项目

本次 BCB 黏合实验特性分析项目，见表 4-56。

表 4-56 实验特性值分析项目

项次	特性值	规格	测量设备或方法
1	蚀刻后，基板翘曲、气泡的面积占比	<10%	目视测量

(3) 实验因子水平一览

本实验是优化实验，因子一共有 6 个，交互作用有 4 个，实验因子水平见表 4-57。

表 4-57 实验因子水平一览

因子	因子代号	水平 1	水平 2	交互作用
上基板 SiN_x 层厚度	A	100Å	500Å	
上基板 SiN_x 层性质	B	压缩	扩张	A×B
上基板 SiN_x 层细点	C	有	没有	G×D
基板 SiN_x 层厚度	D	100Å	500Å	D×F
基板 SiN_x 层性质	F	压缩	扩张	G×F
基板 SiN_x 层细点	G	有	没有	

(4) 实验指示书与实验结果

依据点线图配置实验指示书进行实验，测量样品蚀刻后，基板翘曲、气泡的面积占比，结果见表 4-58。

表 4-58　实验指示书与实验资料

实验代号	上基板 SiN_x 层厚度	上基板 SiN_x 层性质	上基板 SiN_x 层细点	基板 SiN_x 层厚度	基板 SiN_x 层性质	基板 SiN_x 层细点	翘曲气泡占比/%
1	100Å	压缩	有	100Å	压缩	有	4.21
2	100Å	压缩	没有	100Å	扩张	没有	32.35
3	100Å	扩张	有	100Å	压缩	没有	22.50
4	100Å	扩张	没有	100Å	扩张	有	25.00
5	500Å	压缩	没有	100Å	压缩	没有	45.83
6	500Å	压缩	有	100Å	扩张	有	55.68
7	500Å	扩张	没有	100Å	压缩	有	24.37
8	500Å	扩张	有	100Å	扩张	没有	1.00
9	100Å	压缩	有	500Å	压缩	没有	2.63
10	100Å	压缩	没有	500Å	扩张	有	2.10
11	100Å	扩张	有	500Å	压缩	有	27.70
12	100Å	扩张	没有	500Å	扩张	没有	4.16
13	500Å	压缩	没有	500Å	压缩	有	67.50
14	500Å	压缩	有	500Å	扩张	没有	4.00
15	500Å	扩张	没有	500Å	压缩	没有	4.44
16	500Å	扩张	有	500Å	扩张	有	10.23

（5）实验因子水平响应图

实验测量数据经过计算，效果响应绘制见图 4-14。

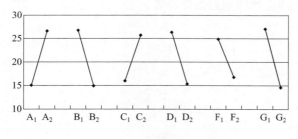

图 4-14　实验效果响应图

（6）方差分析

本实验数据方差分析，见表 4-59。

表 4-59　实验数据方差分析表

变异来源	平方和	自由度	均方	F 值	贡献率/%	显著性
AB	1828.4	1	1828.4	10.9	25.4	*
G	623.5	1	623.5	3.7	6.9	
DF	611.3	1	611.3	3.6	6.8	
B	562.8	1	562.8	3.3	6.1	
A	533.6	1	533.6	3.1	5.6	
D	485.9	1	485.9	2.9	4.8	
GD	448.5	1	448.5	2.7	4.3	
F	264.3	1	264.3	1.5	1.4	
e（误差）	1168.2	7	166.9		38.4	

（7）最佳条件

$A_2(A_1)B_2 C_1 D_2 F_2 G_2$，具体如下：

上基板 SiN_x 层厚度：100Å 或 500Å。

上基板 SiN_x 性质：扩张。

上基板 SiN_x 细点：有。

基板 SiN_x 层厚度：500Å。

基板 SiN_x 性质：扩张。

基板 SiN_x 细点：没有。

（8）实验总结

在方差分析中，有显著因子 A×B，但是经过计算，交互的关联性不大，所以在判定最佳条件时，可以不要考虑交互作用。由此实验所找出的最佳实验条件可以作为现场生产的制程条件参考。

第5章
实验设计——田口式工程法

5.1 田口式质量工程

5.1.1 田口方法

田口方法最大的特点在于以较少的实验组合，取得有用的信息。虽不如全因子法能真正找出确切的优化位置，但以少数实验便能指出优化趋势，可行性远大于全因子法。

田口方法的相关概念分述如下。

（1）损失函数

对象的质量是依照需求及期望性能之特性来衡量的，此种损失主要是由工件的质量特性值偏离工件设计之目标值所造成的，当质量特性值与其目标值之差距越大时，损失也越大，田口博士认为可用损失函数代表这个理念。利用它可以使得制造者经由减少质量特性值与目标值的差距来不断地追求质量之提升。

（2）质量特性值

决定目标函数及其特性是田口法分析过程中的关键第一步，田口法中最大的特色是将目标函数转换成信噪比（S/N）的计算方式，以利于后续分析步骤的进行。依理想机能的不同分为三种，分别为望小特性、望大特性及望目特性。

(3) 目标函数

在探讨优化的过程中，最重要的便是找出最能适切表达质量特性的目标函数，诸如维持产品整体的平均值逼近设定值或减小产品间的变异，均可作为提高质量的目标函数。

田口将产品在其生命周期内整个社会对其付出的总代价称为质量损失。质量损失越少，代表越高的质量。利用二次曲线的质量损失函数来计量质量特性。当质量特性完全符合目标值 m 时，质量损失为 0；当质量特性偏离目标值 m 时，质量损失以二次曲线的速度增加。

若有 n 个产品，则其总质量损失为

$$总质量损失 = \sum_{i=1}^{n} k(y_i - m)^2 \tag{5-1}$$

而平均质量损失 Q 为

$$Q = \frac{\sum_{i=1}^{n} k(y_i - m)^2}{n} = k\left[\frac{\sum_{i=1}^{n}(y_i - m)^2}{n}\right] = k[\text{MSD}] \tag{5-2}$$

其中，MSD 为均方偏差。MSD 可由下式导出。

$$\text{MSD} = \frac{\sum_{i=1}^{n}(y_i - m)^2}{n}$$

$$= \frac{1}{n}\sum_{i=1}^{n}(y_i^2 - 2my_i + m^2)$$

$$= \frac{1}{n}\sum_{i=1}^{n}y_i^2 - \frac{1}{n}\sum_{i=1}^{n}2my_i + \frac{1}{n}\sum_{i=1}^{n}m^2$$

$$= \frac{1}{n}\sum_{i=1}^{n}y_i^2 - 2m\bar{y} + m^2$$

$$= \frac{1}{n}\sum_{i=1}^{n}y_i^2 - 2\bar{y}^2 + \bar{y}^2 + \bar{y}^2 - 2m\bar{y} + m^2$$

$$= \frac{1}{n}\sum_{i=1}^{n}y_i^2 - \frac{1}{n}\sum_{i=1}^{n}2y_i\bar{y} + \frac{1}{n}\sum_{i=1}^{n}\bar{y}^2 + (\bar{y}^2 - 2m\bar{y} + m^2)$$

$$= \frac{1}{n}\sum_{i=1}^{n}(y_i^2 - 2y_i\bar{y} + \bar{y}^2) + (\bar{y}^2 - 2m\bar{y} + m^2)$$

$$= \frac{1}{n}\sum_{i=1}^{n}(y_i - \bar{y})^2 + (\bar{y} - m)^2$$

$$= (\bar{y} - m)^2 + S^2 \tag{5-3}$$

则平均质量损失可改写为

$$Q = k\dfrac{\sum\limits_{i=1}^{n}(y_i - m)^2}{n} = k\big[(\bar{y} - m)^2 + S^2\big] \tag{5-4}$$

此式代表平均质量损失 Q 和产品平均的偏心值 $(\bar{y} - m)^2$ 及标准偏差 S^2 之和成正比。是以可以 $\mathrm{MSD} = (\bar{y} - m)^2 + S^2$ 作为质量的特性。

（4）质量特性目标函数

① 望小特性

质量特性越小越好，亦即目标值 $m = 0$

$$\mathrm{MSD} = \bar{y}^2 + S^2$$

② 望大特性

质量特性越大越好，相当于求 $1/y$ 望小特性，此时 $m = 0$，亦即

$$\mathrm{MSD} = \dfrac{\sum\limits_{i=1}^{n}\left(\dfrac{1}{y_i} - m\right)^2}{n} = \dfrac{\sum\limits_{i=1}^{n}\left(\dfrac{1}{y_i}\right)^2}{n} \tag{5-5}$$

③ 望目特性

质量特性逼近目标值 m

$$\mathrm{MSD} = (\bar{y} - m)^2 + S^2 \tag{5-6}$$

（5）目标函数与 S/N

将 MSD 转换成信号处理中的信噪比（S/N）形式，亦即

$$\dfrac{S}{N} = -10\lg[\mathrm{MSD}] \tag{5-7}$$

可将 $\mathrm{MSD} = (\bar{y} - m)^2 + S^2$ 中，$\bar{y} \to m$ 视为质量接近目标值，$S \to 0$ 视为变异小，将使 MSD 减小，亦即品质损失越小，当取对数时其值越小，再乘以负号，相当于信噪比（S/N）越大越好。

5.1.2　田口法分析

（1）定义控制因子及水平表

进行田口法分析前，必须先对目标函数的各控制因子设定水平数。常用的方法有 2 水平、3 水平法。同时对于交互作用，明显忽略，或是在挑选因子时，尽量不要挑选有交互作用的因子。

（2）选择正交表

田口博士设计了许多种正交表，应用正交表来做实验分析，以减少实验次

数，而且依然可保有很高的准确性。正交表乃是进行分析各项控制因子影响目标函数的基础。除了 2^n 型、3^n 型的正交表以外，也有混合型的正交表。

(3) 方差分析

主要是评估实验误差，决定各控制因子相对重要性。在某一水平下根据整个实验结果的信噪比（S/N）来进行方差分析，分析中目标值与质量特性的差异平方和称为全变动。

而田口方法的实施步骤如下：

① 选定质量特性；

② 判定质量特性之理想机能；

③ 列出所有影响此质量特性的因子；

④ 定出信号因子的水平；

⑤ 定出控制因子的水平；

⑥ 定出干扰因子的水平，必要的话，进行干扰实验；

⑦ 选定适当的正交表，并安排完整的实验计划；

⑧ 执行实验，记录实验数据；

⑨ 资料分析；

⑩ 确认实验。

重复以上步骤，直到达到最佳的质量及性能为止。

5.1.3 鲁棒设计

鲁棒设计为同步工程中重要的一环，产品在制造、组装与操作的过程中，因制造公差与使用环境的变化而造成控制参数偏离原先设计值，称为生命周期参数变异，这些变异导致设计输出性能在不同环境、不同时间使用时，会有性能上的极大差异。

质量设计必须在面对这些变异时仍能满足低成本、轻量化与高效率等重要的性质。传统式的方法往往采用公差设计来控制输出变异，不仅增加制造成本，而且非控制因子的存在，仍会造成输出性能的不稳定。因此高质量与低成本的观念必须在设计时就开始导入，以参数设计、公差设计，以及生产工程管理来进行质量的提升。

前二者皆属线外的品管工作，也就是非生产性的工作。譬如零件几何的设计、材料的选定、尺寸公差的制订、制程的设计等都属于线外的品管工作。而制程定期调整、制程控制则属于在线的品管工作，就是制造单位依照制程设计之后的例行性生产工作。鲁棒设计主要是运用参数设计，降低产品对参数变异的敏感度，以不增加成本的方式提升质量，使研发产品在生命周期中都能保有稳定之性能。

鲁棒的基本原理：经由降低变异原因的影响，而不是去除变异，来改善生产质量。这可由产品和制程设计的最适化，亦即将各种变异原因影响的极小化来达成，就是参数设计。然而参数设计本身并不能保证足够的高质量。对变异原因的控制可以带来更多的改善。

当然这些措施一定会增加制造成本或操作成本，所以这些进一步改善活动的效果与成本的增加之间得有一平衡点。而鲁棒设计中两个主要工具是：

① 信噪比（S/N），以度量品质。

② 正交表，用来同时研究众多参数。

鲁棒设计利用正交表的数学工具，以少数的实验来研究众多的决策变量，同时以质量指针信噪比（S/N），从顾客的角度来预测质量。所以在可容许的开发成本之下，一个最合乎经济效益并兼顾生产者与消费者权益的产品或制程设计可以被完成。

鲁棒设计之施行步骤大致如下所示。

① 辨认主要机能与失效状况。

② 辨认可控与干扰因子。

③ 选择可控与干扰因子的水平。

④ 为可控与干扰因子选择适当的内、外正交表。

⑤ 实施实验，估计设计之输出平均与标准偏差。

⑥ 分析资料，计算信噪比（S/N）和其他统计量，最大化信噪比（S/N）。

⑦ 绘制输出平均与信噪比（S/N）的因子效果图。

⑧ 若为动态望目问题，则将因子分类，选定调整因子。

⑨ 最大化信噪比（S/N），估计初始设定与最佳设定之信噪比（S/N）。

⑩ 以调整因子将输出调至目标值。

⑪ 实施验证实验，检讨结果，规划未来对策。

⑫ 反复优化。

5.1.4 干扰策略

为了解干扰因子对质量特性的影响，有三种干扰策略。

(1) 随机实验

当干扰因子的模拟非常困难或花费成本过巨时，则顺其自然，以随机实验进行。

（2）内外正交表

以内外正交表混合应用，控制因子放在外正交表，干扰因子放在内正交表。外正交表采用 $L_{18}(2^1 \times 3^7)$，而内正交表采用 2 水平的 $L_8(2^7)$ 即已足够，见图 5-1。

实验代号	A	B	C	D	E	F	G	H	1	2	3	4	5	6	7	8
p									1	1	1	1	2	2	2	2
q									1	1	2	2	1	1	2	2
r									1	1	2	2	2	2	1	1
s									1	2	1	2	1	2	1	2
t									1	2	1	2	2	1	2	1
u									1	2	2	1	1	2	2	1
v									1	2	2	1	2	1	1	2
1	1	1	1	1	1	1	1	1								
2	1	1	2	2	2	2	2	2								
3	1	1	3	3	3	3	3	3								
4	1	2	1	1	2	2	3	3								
5	1	2	2	2	3	3	1	1								
6	1	2	3	3	1	1	2	2								
7	1	3	1	2	1	3	2	3								
8	1	3	2	3	2	1	3	1								
9	1	3	3	1	3	2	1	2								
10	2	1	1	3	3	2	2	1								
11	2	1	2	1	1	3	3	2								
12	2	1	3	2	2	1	1	3								
13	2	2	1	2	3	1	3	2								
14	2	2	2	3	1	2	1	3								
15	2	2	3	1	2	3	2	1								
16	2	3	1	3	2	3	1	2								
17	2	3	2	1	3	1	2	3								
18	2	3	3	2	1	2	3	1								

图 5-1　田口内外正交表，$L_{18}(2^1 \times 3^7) \times L_8(2^7)$

（3）干扰实验

在上述内正交表法中，实际的实验组合共有 $18 \times 8 = 144$ 种组合，仍嫌多了一点。干扰实验的目的在于先将众多的干扰因子合成单一干扰因子，减少实验组合。先在某一特定控制因子条件组合下，一般采用现有设计，先做 2 水平的干扰实验。将简化的干扰因子置入正交表中，进行实验，分析因子效应。对 4 个 2 水平的干扰因子 A、B、C、D 进行的效果响应，见图 5-2。

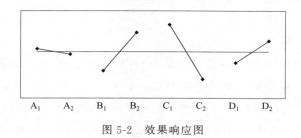

A_1　　A_2　　B_1　　B_2　　C_1　　C_2　　D_1　　D_2

图 5-2　效果响应图

干扰因子的水平选择，在合理的情形下，愈极端愈好。图上 $A_2 \ B_1 \ C_2 \ D_1$ 使质量特性降低，$A_1 \ B_2 \ C_1 \ D_2$ 使质量特性增加，因此可以复合成单一的 2 水平干扰因子 N。其中：

① N_1（使质量特性降低）为 $A_2 \ B_1 \ C_2 \ D_1$；

② N_2（使质量特性增加）为 $A_1 \ B_2 \ C_1 \ D_2$。

在接下来的每一组控制因子的正交表实验中，仅需做 N_1、N_2 的变化，即可代表在干扰因子参与下的情形。如果在此极端的复合干扰因子的作用下，质量特性仍不受影响，则该组合应为最佳的稳健设计，必定能够抵抗其他的干扰因子变化。

5.1.5　田口参数设计之重点

田口参数设计一直鼓励以正交表来规划所需之实验，并分别列出可控因子与误差因子，内表配置可控因子，外表配置误差因子，外表相当于传统实验设计之重复实验，作参数设计时，误差因子愈多，实验将变得愈大，在费用与时间上将不允许，故只能在经营能力范围内，选择重要、影响较大的，予以考虑。

① 为了避免太大的实验，最好能使误差因子复合成为 1 个、2 个或最多 3 个。

② 复合时可依工程知识作取舍，假如不能确知时，应事先用正交表做实验，一定是选重要的，影响最大的。

③ 选择最重要的误差，根据经验，实验若对最大误差具有坚耐性的话，对其他的误差也必将稳定。

④ 一般可采用 2 水平，并可用两极端条件复合。

5.2 田口实验范例——如何提升 DVD-RAM 胶合强度

(1) 实验说明

某公司 DVD-RAM 光盘主力产品为 DVD-5 与 DVD-9，其胶合采用一般传统之旋镀方式。基于某公司长期生产 CD-R 与 DVD 之基础，在旋镀工艺部分已累积了相当的经验与技术。然而，为适应更高容量之 DVD 以及可记录媒体 DVD-R 与 DVD-RAM 之研发与生产，势必采用网印胶合技术。网印胶合是项全新的制程，无论在 UV 胶的选择还是制程条件上，都必须以有效率的实验设计来决定 DVD-RAM 光盘网印之制程条件。

(2) 实验特性分析项目

本次 DVD-RAM 光盘网印实验特性值分析项目，见表 5-1。

表 5-1　实验特性值分析项目

项次	特性值	规格	测量设备
1	剥离强度 • 测量标准：JIS-K-6854 • 单位：N/cm^2	望大特性	拉力测试机
2	剪应力强度 • 测量标准：JIS-K-6850 • 单位：N/cm^2	望大特性	拉力测试机

(3) 实验因子水平一览

本实验因子一共有 5 个，4 个因子为 3 水平，1 个因子为 2 水平，实验因子水平见表 5-2。

表 5-2　实验因子水平一览

实验因子	因子代号	水平 1	水平 2	水平 3
UV 照射时间 （依输送带速度）	A	2s	3.5s	5s
化学响应时间	B	5s	10s	15s

续表

实验因子	因子代号	水平 1	水平 2	水平 3
黏合压力 （0.4、0.5、0.6 为气压表读数）	C	$39kgf/cm^2$ （0.4）	$47kgf/cm^2$ （0.5）	$55kgf/cm^2$ （0.6）
黏合时间	D	4s	7s	10s
UV 照射能量	E	UV 窗口全开	UV 窗口半开	

注：$1kgf/cm^2 = 98.0665kPa$。

（4）实验配置

因为是 2 水平、3 水平混合的实验，采用 2^n、3^n 混合型正交表，实验配置见表 5-3。

表 5-3　$L_{18}(2^1 \times 3^7)$，2^n、3^n 混合型正交表

实验代号	E	A	B	C	D
1	1	1	1	1	1
2	1	2	2	2	2
3	1	3	3	3	3
4	1	1	1	2	2
5	1	2	2	3	3
6	1	3	3	1	1
7	1	1	2	1	3
8	1	2	3	2	1
9	1	3	1	3	2
10	2	1	3	3	2
11	2	2	1	1	3
12	2	3	2	2	1
13	2	1	2	3	3
14	2	2	3	1	2
15	2	3	1	2	3
16	2	1	3	2	3
17	2	2	1	3	1
18	2	3	2	1	2

（5）实验数据分析

剥离强度记录，S 比辅助表，S/N 比辅助表，分别见表 5-4、表 5-5、表 5-6。

表 5-4　剥离强度记录

实验代号	Y	σ	S/N	S
1	—	—	4.45	−9.34
2	0.9340	0.2348	11.97	−0.61
3	0.9987	0.3852	8.22	−0.07
4	—	—	4.45	−9.34
5	0.7869	0.2666	9.35	−2.13
6	1.0805	0.3439	9.90	0.62
7	—	—	4.45	−9.34
8	0.6741	0.0912	17.36	−3.44
9	0.5587	0.2095	8.43	−5.14
10	0.6553	0.2392	8.68	−3.74
11	0.4866	0.1667	9.22	−6.34
12	0.5895	0.1101	14.55	−4.62
13	0.8454	0.2656	9.98	−1.53
14	0.6210	0.1822	10.59	−4.20
15	0.6379	0.2666	7.45	−4.03
16	0.9733	0.3040	10.04	−0.31
17	0.7434	0.1909	11.76	−2.62
18	0.5655	0.1133	13.94	−4.98

表 5-5　S 比辅助表

实验代号	A	B	C	D	E
1	−4.31	−5.60	−6.14	−5.60	−3.49
2	−3.60	−3.22	−3.87	−3.72	−4.67
3	—	−3.04	−1.86	−2.54	−3.70

表 5-6　S/N 比辅助表

实验代号	A	B	C	D	E
1	8.73	7.01	7.63	8.76	11.33
2	10.69	11.71	10.71	10.97	9.68
3	—	10.41	10.80	9.40	8.12

剪应力强度记录，S 比辅助表，S/N 比辅助表，分别见表 5-7、表 5-8、表 5-9。

表 5-7 剪应力强度实验记录

实验代号	Y	σ	S/N	S
1	—		4.09	−7.95
2	0.9376	0.3541	8.41	−0.61
3	1.0985	0.3302	10.40	0.78
4	—	—	4.09	−7.95
5	0.8780	0.3849	7.09	−1.21
6	0.8320	0.2971	8.88	−1.66
7	—	—	4.09	−7.95
8	0.8484	0.2255	11.47	−1.46
9	0.8182	0.1459	14.95	−1.76
10	0.8317	0.1526	14.71	−1.62
11	0.6134	0.2302	4.09	−4.40
12	0.6333	0.0608	20.34	−3.98
13	0.8652	0.1306	16.41	−1.27
14	0.6356	0.1017	15.90	−3.96
15	0.7026	0.2573	4.09	−3.21
16	0.7185	0.2321	4.09	−2.99
17	0.7189	0.1142	15.96	−2.89
18	0.5849	0.2997	4.09	−4.95

表 5-8 S 比辅助表

实验代号	A	B	C	D	E
1	−3.31	−4.96	−4.69	−5.14	−3.20
2	−3.25	−2.42	−3.33	−3.37	−2.41
3	—	−2.46	−1.82	−1.33	−3.16

表 5-9 S/N 比辅助表

实验代号	A	B	C	D	E
1	8.16	7.91	7.88	6.86	12.86
2	11.08	10.49	10.07	8.75	10.36
3	—	10.46	10.91	13.25	5.64

(6) 实验最适条件

E_2：UV 半开。

A_2：UV 照射时间 3.5s。

B_3：化学响应时间 15s。

C_3：黏合压力 55kgf/（cm^2）（0.6）。

D_1：黏合时间 4s。

(7) 验证实验

验证实验条件为：$E_2 A_2 B_3 C_3 D_1$，$E_1 A_2 B_3 C_3 D_1$，$E_1 A_3 B_3 C_3 D_1$。

剥离强度验证实验结果，剪应力强度验证实验结果，见表 5-10、表 5-11。

表 5-10　剥离强度验证实验结果

因子水平组合	Y	σ	S/N	S	备注
$E_2 A_2 B_3 C_3 D_1$	0.4310	0.1663	8.19	−7.39	最稳定
$E_1 A_2 B_3 C_3 D_1$	0.1594	0.1000	3.69	−16.31	最差
$E_1 A_3 B_3 C_3 D_1$	0.7575	0.3565	6.38	−2.58	强度最高

表 5-11　剪应力强度验证实验结果

因子水平组合	Y	σ	S/N	S	备注
$E_2 A_2 B_3 C_3 D_1$	0.6877	0.1916	11.05	−3.30	最稳定
$E_1 A_2 B_3 C_3 D_1$	0.2085	0.0773	8.49	−13.74	最差
$E_1 A_3 B_3 C_3 D_1$	0.8607	0.1601	14.58	−1.33	强度最高

(8) 结果与讨论

田口质量工程最重要步骤在于控制因子与水平的选取，然而对 UV 固化涂层丝网印刷工艺却无任何经验，只能根据搜集得来的资料来尝试订定适当的控制因子与水平，所以进行实验时常有窒碍难行之处，所幸这些困难都能调整与克服。

验证实验之结果虽不能得到最高强度且最稳定之条件，原因可能是拉力测试机的误差、控制因子之交互作用，以及有些条件下无法测量到特性值，但此最适条件曾以 DVD-R 来实验，的确在胶合强度上有很好的结果。此次实验结果虽不尽完美，但仍可算是一次成功的实验。

5.3　田口实验范例——IC 封装焊线改善质量实验

(1) 实验说明

某公司的晶粒上的铝垫，是以材质为金的导线连接铝垫与引脚的。焊接是利用超声波振动将金线熔化成球状，经由焊针加压与铝垫结合，接续将金线引导至引脚上结合。

为了加强铝垫与引脚的强度以及金线拉力及金球推力的控制因子，利用实验设计来探讨因子与因子交互作用的关系。田口质量工程方法讨论了焊接工艺的最佳指导参数，并探讨了关键因素、水平和最佳参数组合，以提高焊丝的可加工性、制程能力指标（Cpk）和效率。

（2）实验特性分析项目

本次焊点机械特性实验特性分析项目，见表 5-12。

表 5-12　焊点机械实验特性值分析项目

项次	特性值	规格	测量设备或方法
1	金线拉力（wire pull）	规格＞3g（望大）	拉力机
2	金球推力（ball shear）	规格＞10g（望大）	拉力机

（3）实验因子与水平

在实验因子的筛选，是以技术上可控制的方式作为筛选标准，在金线拉力及金球推力实验上，其相关实验因子及水平见表 5-13。

表 5-13　实验因子与水平一览

控制因子	因子代号	水平 1	水平 2	水平 3
焊线时间/ms	A	5	10	15
焊线力量/mg	B	8	10	12
焊线输出功率/mW	C	80	90	100
焊线温度/℃	D	155	160	165

（4）实验正交配置

在完成因子的筛选，经工程人员及技术人员讨论后，列出因子间交互作用，并依其交互关系绘制点线图，见图 5-3。

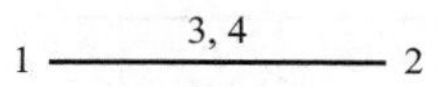

图 5-3　实验因子点线图

依据 L_9 表的点线图，1，2 列的交互作用会产生在 3，4 列。当 A 因子放在 1 列，B 因子放在 2 列时，A×B 的交互作用会产生在第 3，4 列。而设定 A，B 因子与其他因子没有交互作用，则 3，4 列就可以用。

依据点线图所列之关系，将相关因子排入 $L_9(3^4)$ 正交表，见表5-14。

表 5-14　金线拉力 $L_9(3^4)$ 实验配置

实验代号	A	B	C	D
1	1	1	1	1
2	1	2	2	2
3	1	3	3	3
4	2	1	2	3
5	2	2	3	1
6	2	3	1	2
7	3	1	3	2
8	3	2	1	3
9	3	3	2	1

(5) 实验指示书与实验数据

实验指示书与金线拉力数据、金球推力数据见表5-15、表5-16。

表 5-15　金线拉力数据表

实验代号	A	B	C	D	Y_1	Y_2	Y_3	平均值	S	S/N
1	5	8	80	155	3.4	4.2	4.3	4.0	0.4	9.9
2	5	10	90	160	3.8	4.3	4.2	4.1	0.2	20.5
3	5	12	100	165	4.2	4.0	4.2	4.1	0.1	41.3
4	10	8	90	165	3.8	4.1	4.2	4.0	0.2	20.2
5	10	10	100	155	4.3	4.7	4.3	4.4	0.2	22.2
6	10	12	80	160	4.9	4.3	4.6	4.6	0.2	23.0
7	15	8	100	160	3.2	4.0	4.1	3.8	0.4	9.4
8	15	10	80	165	4.2	4.5	4.4	4.4	0.1	43.7
9	15	12	90	160	4.3	4.5	4.1	4.3	0.2	21.5

表 5-16　金球推力数据表

实验代号	A	B	C	D	Y_1	Y_2	Y_3	平均值	S	S/N
1	5	8	80	155	10.0	13.5	13.0	12.2	1.5	8.1
2	5	10	90	160	11.0	13.0	14.0	12.7	1.2	10.6
3	5	12	100	165	13.0	13.5	14.5	13.7	0.6	22.8
4	10	8	90	165	11.5	13.5	14.0	13.0	1.1	11.8
5	10	10	100	155	13.0	13.5	13.5	13.3	0.2	66.7

续表

实验代号	A	B	C	D	Y_1	Y_2	Y_3	平均值	S	S/N
6	10	12	80	160	15.0	14.0	14.5	14.5	0.4	36.3
7	15	8	100	160	9.0	13.5	13.5	12.0	2.1	5.7
8	15	10	80	165	12.5	14.5	13.0	13.3	0.8	16.7
9	15	12	90	160	13.0	14.0	14.5	13.8	0.6	23.1

(6) 实验资料分析

① 金线拉力平均值的效果响应

金线拉力平均值的效果响应，见图 5-4。

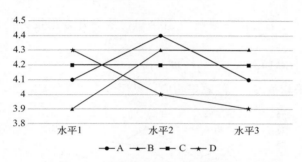

图 5-4　金线拉力平均值效果响应图

依据金线拉力平均值效果响应图得知，欲提升金线拉力的最佳参数组合为 $A_2B_3C_3D_1$。

② 金线拉力平均值 S/N 比之效果响应

S/N 值越大越好，表示该参数越能承受外来环境的干扰，产品较为鲁棒，金线拉力平均值 S/N 比见图 5-5。

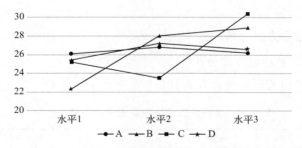

图 5-5　金线拉力平均值 S/N 比效果响应图

依据金线拉力平均值 S/N 比效果响应图得知，欲提升金线拉力 S/N 比的最佳参数组合为 $A_2B_3C_3D_2$。

③ 金球推力平均值的效果响应

金球推力平均值的效果响应，见图 5-6。

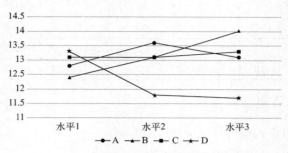

图 5-6　金球推力平均值效果响应图

依据金球推力平均值效果响应图得知，欲提升金球推力的最佳参数组合为 $A_2B_3C_3D_1$。

④ 金球推力平均值 S/N 的效果响应

金球推力平均值 S/N 的效果响应，见图 5-7。

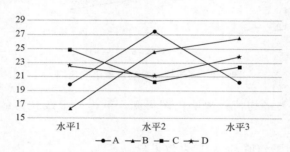

图 5-7　金球推力平均值 S/N 的效果响应图

依据金球推力平均值 S/N 的效果响应图得知，欲提升金球推力 S/N 的最佳参数组合为 $A_2B_3C_1D_3$。

(7) 实验结果方差分析

① 金线拉力平均值方差分析

金线拉力平均值误差统合方差分析，见表 5-17。

表 5-17　金线拉力平均值误差统合方差分析表

变异来源	平方和	自由度	均方	F 值	贡献率/%	显著性
A	0.5363	2	0.2671	10.7		*
B	1.2919	2	0.6459	25.8		*
D	1.1684	2	0.56842	23.4		*
e（误差）	0.2501	10	0.0250			

　　金线拉力平均值误差统合方差分析中 C 因子的变异数比"误差"项更小，被认为是无影响力的因子，亦即 C 因子所引起的变异被认为可能只是实验误差所造成的偶发现象，所以这些变异可被视为误差，故将 C 因子所引起的变异"统合（pooling）"到误差，一并视为误差处理之。

　　② 金球推力平均值方差分析

　　金球推力平均值误差统合方差分析，见表 5-18。

表 5-18　金球推力平均值误差统合方差分析表

变异来源	平方和	自由度	均方	F 值	贡献率/%	显著性
B	15.6296	2	7.8148	6.9		*
D	20.2222	2	10.1111	8.9		*
e（误差）	13.6481	12	1.1373			

　　全球推力平均值误差统合方差分析中 A、C 因子的变异数比"误差"项更小，被认为是无影响力的因子，亦即 A、C 因子所引起的变异被认为可能只是实验误差造成的偶发现象，所以这些变异可被视为误差，故将 A、C 因子所引起的变异"统合（pooling）"到误差，一并视为误差处理之。

　　表 5-18 为统合 A、C 因子到误差项的变异分析结果。因子的影响力达到 99% 置信水平时，影响显著的因子有焊线输出功率（B）、焊线温度（D）。

（8）控制因子分类

　　本实验的控制因子分类，见表 5-19。

表 5-19　控制因子分类表

因子代号	因子	有无影响拉力	有无影响推力	控制因子	成本因子
A	焊线力量	有	无	有	—
B	焊线输出功率	有	有	有	—
C	焊线时间	无	无	无	是
D	焊线温度	有	有	有	—

（9）参数优化

　　金线拉力值/金球推力值最佳参数化，见表 5-20。

（10）确认实验

　　为确认该优化参数是否使金线拉力值有所提升，先进行 2 组实验，其金线拉力和金球推力都比原始之参数来得佳，结果见表 5-21。

表 5-20   金线拉力值/金球推力值最佳参数表

因子	因子代号	水平 1	水平 2	水平 3
焊线力量/mg	A	8	<u>10</u>	12
焊线输出功率/mW	B	80	90	<u>100</u>
焊线时间/ms	C	5	10	15
焊线温度/℃	D	<u>155</u>	160	165

表 5-21   确认实验结果表

项目	平均值			S/N		
	原始	改进	增进	原始	改进	增进
金线拉力	4.2	4.9	16.67%	24.6	25.1	2.03%
金球推力	11.6	14.7	26.72%	19.7	31.2	58.38%

第6章
实验设计——反应曲面法

6.1 反应曲面法简介

反应曲面法（RSM）是一组有助于问题构建与分析的数学和统计手法的集合，目的是研究因子（x）如何影响响应变量（y）。反应曲面的设计概念，其基本构想为结合统计与实验方法，与资料契合的技巧。根据实验所得的响应，建立出足以满足一群受测的因子及目标函数相互关系的数学模式，借此算出的模式，可用来探讨出优化区域或点的存在。反应曲面实为实验设计领域中讨论最适条件的一种统计方法。

解释反应曲面法的重要课题，要借由响应变量与独立变量之间的关系式。当独立变量（因子）个数只有三个，响应变量 y 只有一个时，则 y 与 x_1，x_2，x_3 函数关系式为：

$$y = f(x_1, x_2, x_3) \tag{6-1}$$

当影响响应变量 y 的因子是 p 个计量因子 $x_1, x_2, \cdots, x_p$ 时，则假设 y 与 $x_1, x_2, \cdots, x_p$ 的关系式为：

$$y = f(x_1, x_2, \cdots, x_p) \tag{6-2}$$

其中 f 为一个多变量的函数，则此关系式 f 呈现一个曲面，称 $y = f(x_1, x_2, \cdots, x_p)$ 为反应曲面。借由收集到的资料，如能找到此组资料所拟合的函数 f 的参数估计值，再利用此反应曲面 $y = f(x_1, x_2, \cdots, x_p)$，就可进一步找出响应值优化（$x_1, x_2, \cdots, x_p$）的水平组合。一般探讨的反应曲面都是只拥有一个整体极大值或极小值的曲面，见图 6-1。

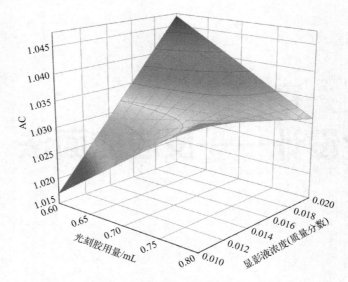

图 6-1　实验效果反应曲面图

反应曲面法具有可微调性质，不会局限在参数水平上，可同时考量两个质量特性去进行优化参数设计。在许多实务应用上，反应曲面大都是二次曲面的形式或称二阶模式（quadratic model），其模式可以写成

$$Y = \beta_0 + \sum_{i=1}^{p} \beta_i + \sum_{i=1}^{p} \beta_{ii} X_i^2 + \sum_{\substack{i=1 \\ (i<j)}}^{p-1} \sum_{\substack{j=2 \\ (i<j)}} \beta_{ij} X_i X_j + \varepsilon \tag{6-3}$$

式中　β_i——线性（linear）主效用的系数；

　　　β_{ii}——二次（quadratic）主效用的系数；

　　　β_{ij}——交互作用的系数。

如果 y 受 $x_1, x_2, \cdots, x_p$ 的影响只有一次式（没有曲率），则反应曲面更可简化成响应平面或称一阶模式，其模式可以写成

$$Y = \beta_0 + \sum_{i=1}^{p} \beta_i X_i \tag{6-4}$$

反应曲面的应用具有下列优点

（1）经济性及可行性

反应曲面可设定使用部分因子实验设计，故可减少实验的时间与次数及实验所需的成本，这对于企业的研发成本、实验成本及研发时间相当有帮助。

（2）可发现及获得优化之技术条件

由于计算机应用的迅速发展，使得反应曲面所得回归方程式，很快地被制作成等高线图，并且可从图形中发现最适合的条件所在。

（3）强化因子间的交互影响之作用

响应曲面可运用统计软件分析所得统计资料和回归方程式，来了解各因子间的交互作用，可用于解释多因子对系统的贡献及影响。

6.2　一阶反应曲面法

6.2.1　反应曲面实验设计要求

一阶反应曲面法是指以一阶多项式来建立响应与质量因子间的因果模型，再以优化技术得到使响应优化的质量因子设计值。一阶多项式包含：

（1）一阶多项式

$$y = \beta_0 + \sum_{i=1}^{k} \beta_i x_i + \varepsilon$$
$$= \beta_0 + \beta_1 x_1 + \beta_2 x_2 + \cdots + \beta_k x_k + \varepsilon \tag{6-5}$$

（2）具交互作用之一阶多项式

$$y = \beta_0 + \sum_{i=1}^{k} \beta_i x_i + \sum_{i=1}^{k} \sum_{j>i}^{k} \beta_{ij} x_i x_j + \varepsilon \tag{6-6}$$

反应曲面法的实验设计与因子设计法的实验设计不同，其基本要求包括：

① 提供模型建构的实验数据。

② 提供模型配适性的信息。

③ 提供纯误差的估计。

④ 允许渐进式的模型建构。

⑤ 对例外实验数据不敏感。

⑥ 对设计水平的控制误差具强健性。

⑦ 具有成本效益。

⑧ 允许区集实验。

⑨ 提供变异均匀性的测试。

⑩ 提供良好的变异分布。

6.2.2　一阶反应曲面法之实验设计

一阶反应曲面实验设计的目的在于以最少的实验次数，获得最精确的一阶模型。比较简单实用的定义为"估计系数变异 Var b 最小的模型"。估计系数

b 的协方差 Cov 的公式：

$$\mathrm{Cov}\, b = \sigma^2 (\boldsymbol{X}'\boldsymbol{X})^{-1} \tag{6-7}$$

式中　Cov b——残差变异数矩阵；

$\quad\quad \sigma^2$——残差之方差；

$\quad\quad \boldsymbol{X}'$——实验资料矩阵的转置矩阵；

$\quad\quad \boldsymbol{X}$——实验资料所构成的矩阵。

假设模型为

$$y = \beta_0 + \beta_1 x_1 + \beta_2 x_2 + \beta_{12} x_1 x_2 + \varepsilon \tag{6-8}$$

则

$$b = \begin{Bmatrix} b_0 \\ b_1 \\ b_2 \\ b_{12} \end{Bmatrix} \quad \boldsymbol{X} = \begin{bmatrix} 1 & x_{11} & x_{12} & x_{11} x_{12} \\ 1 & x_{21} & x_{22} & x_{21} x_{22} \\ \vdots & \vdots & \vdots & \vdots \\ 1 & x_{n1} & x_{n2} & x_{n1} x_{n2} \end{bmatrix} \tag{6-9}$$

式中，x_{ij} 为第 i 笔资料的第 j 个自变量之值。

而矩阵 $\boldsymbol{X}$ 的第一个向量为 1 构成的常量向量，其余 p 个向量为各个因子构成的变量向量。

估计系数变异 Var b 即 Cov b 的对角元素，可知模型变异 Var b 越小，则 $(\boldsymbol{X}'\boldsymbol{X})^{-1}$ 对角元素越小。$(\boldsymbol{X}'\boldsymbol{X})^{-1}$ 对角元素越小，则 $\boldsymbol{X}'\boldsymbol{X}$ 对角元素越大，非对角元素越接近 0，此即反应曲面实验设计的基本原理。

6.3　反应曲面实验

6.3.1　中央合成设计简介

在选择反应曲面二阶模式的适配实验时，一般进行中央合成设计实验，将原本的部分因子或全因子设计，再加上轴点及中心点合成为一个中央合成设计实验。增加轴点的设计是为了使二次项能纳入模式中，而增加中心点是为了检测曲率。用来适配二阶模式的实验包括 Box 和 Wilson 及其后继者所发展的中央合成设计，以及 Box-Behnken 设计与混合设计。其中，中央合成设计所适配的二阶模式具良好的预测能力，其适配模式对有意义的任一组输入点所做的预测，具有相当一致且稳定的变异数。

Box 和 Hunter 建议二阶反应曲面设计应是可旋转的，亦即当所有设计点与中心点的距离都是一样的，则每一点的预测响应值的变异数均会相同。这一可旋转的设计可使每一个搜寻方向有相同预测精确度，当最佳变量值的位置未知的情况下，一般采用此项设计。

一般来说中央合成设计包含了一个 $2k$ 因子设计（实验次数记为 n_f）、$2k$ 个轴点实验和 n_c 个中心点实验。

中央合成设计是由下列三种实验所组成的。

（1）角点（n_f）实验

因为二阶模型含 2 因子交互作用，因此必须采用分辨率 V 以上之全因子或部分因子设计实验。分辨率 V 就是指实验设计中，主效果间不交络；主效果与任 2 个因子的交互作用不交络；任 2 个因子的交互作用不交络。因此其角点实验点数计算公式如下所示，k 是因子的数目。

$$n_f = 2^k$$

（2）轴点（α）实验

因为二阶模式含二次曲率作用，因此在轴位于线距中心点 α 处进行实验。通过 α 值选择一个中央合成设计是可旋转的。旋转性的 α 值与设计的因子部分的点数有关；而 α 就会产生一个可旋转的中央合成设计。其 α 值与轴点实验点数计算公式如下所示。

$$\begin{cases} \alpha = \sqrt[4]{n_f} \\ n_\alpha = 2k \end{cases}$$

（3）中心点（n_c）实验

要使中心点之预测误差合理化，要有足够次数（n_c）重复实验的中心点实验。其中心点（n_c）点数计算公式如下所示。一般而言，$n_c = 3 \sim 5$。

$$n_c = 4\sqrt{n_f + 1} - 2k$$

6.3.2　Box-Behnken 设计简介

Box-Behnken 提出了适配反应曲面的三水平实验设计，这个设计是将 $2k$ 因子设计与不完全区集设计组合而成的，所得的设计通常就实验点数而言非常有效率。

Box-Behnken 实验在球面设计中，所有的实验点都落在半径为 2 的球面上，且不包括任何由个别变量上下限所构成的立体范围的轴向点。Box-Behnken 实验只有中心点与立方点，而没有轴向点，故以该方法所设计的因子，其水平范围只涵盖中心点、立方点，共三个实验水平。3 因子的 Box-Behnken 设计的实验配置结构见图 6-2。

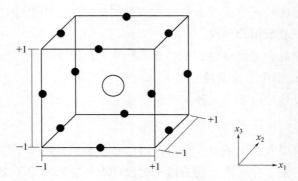

图 6-2　3 因子 Box-Behnken 设计结构图

Box-Behnken 设计与中心合成设计之差异如下：

① Box-Behnken 设计没有轴向点，故实验因子之水平范围较小，也因此降低了超出全范围的可能性。

② 由于因子水平的设定减少，故 Box-Behnken 设计的实验次数也相对减少。

③ 在 Box-Behnken 设计中，每个实验都包含某控制因子水平之中心点，故不会出现某次实验中所有水平设定过高或过低的组合。

6.4　混料设计

混合实验设计为 RSM 中之特例，适用于产品设计牵涉到配方或混合物的情况，通常应用在化学、食品、医药和材料等工业。一般在传统实验设计中的因子，在混合实验中称为成分或元素。举例来说，光刻胶是由不同的化学成分混合而成，成分彼此之间互相影响且不独立，响应变量（y）为光刻胶的浓度，依赖成分间的相对比例调配而成，各成分的相对比例加总后得到一特定总和。

6.4.1　混料设计说明

假设独立变量 x_i 为混合实验中的成分，则 x_i 有下列特性

$$0 \leqslant x_i \leqslant 1, \quad i = 1, \cdots, q$$

$$\sum_{i=1}^{q} x_i = 1 \tag{6-10}$$

由于这些特性，成分间的比例无法单独调整且会互相影响。

在传统 2 因子和 3 因子的实验设计中，其可行解区域应为一平面和立方体，如图 6-3（a）与（b）。但在混合实验设计中，当成分数目 $q=2$ 和 $q=3$

时，由于式（6-10）之限制，使得可行解区域降低一个维度，分别变为成分界限介于 $[0,1]$ 间之直线 $x_1 + x_2 = 1$ 和立方体顶点为纯混合物之斜三角平面，如图 6-3（a）与（b）所示。

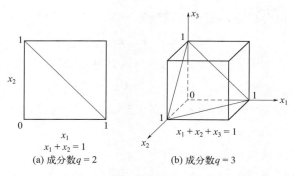

$x_1 + x_2 = 1$
(a) 成分数 $q = 2$

$x_1 + x_2 + x_3 = 1$
(b) 成分数 $q = 3$

图 6-3　混合实验设计可行解区域示意图

当混合成分数为 $q = 3$ 时，其限制实验区域能以三角坐标系统（trilinear coordinate system）表示，其三角坐标系统的三边表示没有对面顶点的成分存在，见图 6-4。

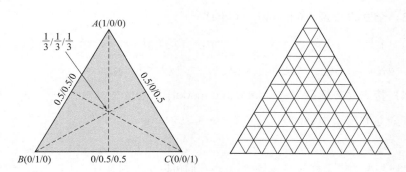

图 6-4　三角坐标系统

在混合实验中可依成分之可行解区域是否完整而施行不同的设计方法，当实验的可行解区域完整时，即各成分均介于 $[0,1]$ 间，或是利用线性转换后各成分均介于 $[0,1]$ 间，可以使用单体设计（simplex design）来规划实验，分为 $\{q, m\}$ 单体晶格设计（simplex lattice design）和 q-成分单体质心设计（simplex centroid design）两种设计方法。

6.4.2　混料设计数据分析

讨论混合设计数据分析中最流行的回归模型时，由于混合设计中所有成分之间的相关性，截距项通常不包含在回归模型中。

对于具有三个成分的设计，通常使用以下模型。

（1）线性模型（linear model）

$$y = \beta_1 x_1 + \beta_2 x_2 + \beta_3 x_3$$

如果模型中包含截距，则线性模型为

$$y = \beta'_0 + \beta'_1 x_1 + \beta'_2 x_2 + \beta'_3 x_3$$

但是，由于 $x_1 + x_2 + x_3 = 1$（也可以是其他常数），上式可以写成

$$y = \beta'_0(x_1 + x_2 + x_3) + \beta'_1 x_1 + \beta'_2 x_2 + \beta'_3 x_3$$
$$= (\beta'_0 + \beta'_1)x_1 + (\beta'_0 + \beta'_2)x_2 + (\beta'_0 + \beta'_3)x_3$$
$$= \beta_1 x_1 + \beta_2 x_2 + \beta_3 x_3$$

等式因此被重新格式化以省略截距。

（2）二次项模型（quadratic model）

$$y = \beta_1 x_1 + \beta_2 x_2 + \beta_3 x_3 + \beta_{12} x_1 x_2 + \beta_{13} x_1 x_3 + \beta_{23} x_2 x_3$$

没有经典的二次项，例如 x_{21}。这是因为

$$x_1^2 = x_1(1 - x_2 - x_3) = x_1 - x_1 x_2 - x_1 x_3$$

（3）全立方模型（full cubic model）

$$y = \beta_1 x_1 + \beta_2 x_2 + \beta_3 x_3 + \beta_{12} x_1 x_2 + \beta_{13} x_1 x_3 + \beta_{23} x_2 x_3 + \delta_{12} x_1 x_2 (x_1 - x_2)$$
$$+ \delta_{13} x_1 x_3 (x_1 - x_3) + \delta_{23} x_2 x_3 (x_2 - x_3) + \beta_{123} x_1 x_2 x_3$$

（4）特殊立方模型（special cubic model）

从全立方模型中移除 $\delta_{ij} x_i x_j (x_i - x_j)$。

$$y = \beta_1 x_1 + \beta_2 x_2 + \beta_3 x_3 + \beta_{12} x_1 x_2 + \beta_{13} x_1 x_3 + \beta_{23} x_2 x_3 + \beta_{123} x_1 x_2 x_3$$

上述类型的模型称为 Scheffe 模型。它们可以扩展到具有三个以上成分的设计。

在常规回归分析中，探索性变量或因素的影响由系数值表示。估计系数与其标准误差的比例用于 t 检验。t 检验可以检验系数是否为 0。如果系数在统计意义上为 0，则相应因子对响应没有显著影响。但是，对于 Scheffe 模型，由于截距项不包含在模型中，无法使用常规 t 检验来检验每个单独的主效应。换句话说，无法测试每个分量的系数是否为 0。

同样，在方差分析中，所有组件的线性效应作为一个单独的组一起测试。不对每个单独的组件进行主效应测试。要执行方差分析，需要重新格式化 Scheffe 类型模型以包括隐藏截距。例如，线性模型

$$y = \beta_1 x_1 + \beta_2 x_2 + \beta_3 x_3$$

可以被改写

$$y = \beta_1 x_1 + \beta_2 x_2 + \beta_3 x_3$$
$$= \beta_1 x_1 + \beta_2 x_2 + \beta_3 (1 - x_1 - x_2)$$
$$= \beta_3 + (\beta_1 - \beta_3) x_1 + (\beta_2 - \beta_3) x_2$$
$$= \beta_0 + \beta_1' x_1 + \beta_2' x_2$$

其中，$\beta_0 = \beta_3$，$\beta_1' = \beta_1 - \beta_3$，$\beta_2' = \beta_2 - \beta_3$。可以使用相同的过程重新格式化所有其他模型，例如二次模型、三次模型和特殊三次模型。通过在模型中包括截距，可以在方差分析表中计算出正确的平方和。如果直接使用 Scheffe 类型模型进行方差分析，结果将不正确。

6.5　反应曲面实验范例——聚酰亚胺黏合实验

(1)　实验目的

本实验是某公司进行聚酰亚胺（polyimide，PI）作为接合材料的筛选实验，依照实验设计的精神，设计一个响应曲面实验，同时也探讨各控制因子间的交互作用。

(2)　实验特性分析项目

本次聚酰亚胺黏合实验特性分析项目，见表 6-1。

表 6-1　聚酰亚胺黏合实验特性分析项目

项次	特性值	规格	量测设备或方法
1	粘贴面积占比	>90%	目视量测

(3)　实验因子水平一览

经过讨论，本实验因子排了 4 个，因子水平见表 6-2。

表 6-2　实验因子水平一览

控制因子	因子代号	水平下限	水平上限
烘烤时间	bk-t	15min	25min
接合温度	b-T	230℃	270℃
接合压力	b-P	6kgf	10kgf
接合时间	b-t	5min	15min

(4)　实验指示书与实验结果

设计一个 RSM 实验，在中心点重复 3 次实验，以增加计算估计误差，在一次实验中将因子都筛选出来，实验指示书与实验数据见表 6-3。

表 6-3　实验指示书与实验数据

实验代号	烘烤时间/min	接合温度/℃	接合压力/kgf	接合时间/min	粘贴面积占比/%
1	15	230	6	5	34.3
2	25	230	6	5	57.3
3	15	270	6	5	41.6
4	25	270	6	5	42.9
5	15	230	10	5	40.9
6	25	230	10	5	45.1
7	15	270	10	5	51.8
8	25	270	10	5	40.4
9	15	230	6	15	33.9
10	25	230	6	15	33.2
11	15	270	6	15	51.2
12	25	270	6	15	40.8
13	15	230	10	15	37.5
14	25	230	10	15	53.4
15	15	270	10	15	33.0
16	25	270	10	15	30.9
17	20	250	8	10	30.5
18	20	250	8	10	33.0
19	20	250	8	10	32.5

(5)　回归分析模型

推估计算粘贴面积占比之回归分析模型，结果见表 6-4。

表 6-4　粘贴面积占比之回归分析模型

项目	系数	标准偏差	p 值	信赖区间
常数	40.22	1.87	0.00	4.12
烘烤时间	1.24	2.04	0.56	4.49
接合温度	−0.19	2.04	0.93	4.49
接合压力	−0.14	2.04	0.95	4.49
接合时间	−2.53	2.04	0.24	4.49
烘烤时间×接合温度	−4.06	2.04	0.07	4.49
烘烤时间×接合时间	−0.90	2.04	0.67	4.49
接合时间×接合压力	−2.41	2.04	0.26	4.49
数目＝19	$Q_2 = -0.834$		条件数＝1.0897	
自由度＝11	$R^2 = 0.404$		Y-偏移＝0	
	调整后的相关系数＝0.025		相对标准偏差＝8.1641	
			信赖区间＝0.95	

由以上的计算结果，推测出回归方程式为二次项，公式为：

粘贴面积＝40.22＋1.24［烘烤时间］－0.19［接合温度］－0.14［接合压力］－2.53［接合时间］－4.06［烘烤时间×接合温度］－0.90［烘烤时间×接合时间］－2.41［接合温度×接合压力］

（6）最佳实验结果

依据回归方程式，绘制模型等高图，见图 6-5。

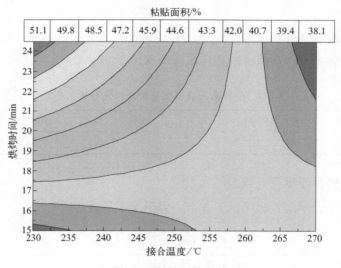

图 6-5　粘贴面等高图

由回归模型可以归纳因子的水平最佳值，见表 6-5。

表 6-5　因子的水平最佳值

控制因子	最佳水平
烘烤时间	25min
接合温度	230℃
接合压力	10kgf
接合时间	5min

（7）实验总结

在回归分析中，以 PI 作为接合材料的状况在此系统下常数为 40.22％，表示没有控制因子情况下的粘贴面积占比，所以系统固定参数的设定会使粘贴的程度大于 40％，实验的结果尚可，证实 PI 可以作为接合材料，但是最佳的制程条件还要多做几次实验来优化。

6.6 反应曲面实验范例——旋转涂布玻璃黏合实验

(1) 实验说明

本实验是旋转涂布玻璃（spin on glass coating，SOG）作为接合材料的筛选实验，依照实验设计的精神，设计一个响应曲面实验，同时也探讨各控制因子间的交互作用。

(2) 实验特性分析项目

本次旋转涂布玻璃黏合实验特性分析项目，见表 6-6。

表 6-6　旋转涂布玻璃黏合实验特性分析项目

项次	特性值	规格	测量设备或方法
1	粘贴面积占比	>90%	目视测量

(3) 实验因子水平一览

经过讨论，本实验因子排了 8 个，因子水平见表 6-7。

表 6-7　实验因子水平一览

控制因子	因子代号	水平下限（-1）	水平上限（1）
1-旋涂速度	1-s-s	250r/min	750r/min
1-旋涂时间	1-s-t	5s	15s
2-旋涂速度	2-s-s	3500r/min	4500r/min
2-旋涂时间	2-s-t	15s	25s
90℃烘烤时间	1-bk-t	15min	25min
120℃烘烤时间	2-bk-t	15min	25min
接合压力	b-P	6kgf	10kgf
接合时间	b-t	5min	15min

(4) 实验指示书与实验结果

设计一个 RSM 实验，在中心点重复 3 次实验，以增加计算估计误差，在一次实验中将因子都筛选出来，实验指示书与实验数据见表 6-8。

(5) 回归模型分析

依据数据推导粘贴面积占比之回归分析模型，结果见表 6-9。

表 6-8 实验指示书与实验数据

实验代号	1-s-s	1-s-t	2-s-s	2-s-t	1-bk-t	2-bk-t	b-P	b-t	粘贴面积占比/%
1	250	5	3500	15	15	15	6	5	0
2	750	5	3500	15	15	25	10	15	0
3	250	15	3500	15	25	15	10	15	1.6
4	750	15	3500	15	25	25	6	5	0.5
5	250	5	4500	15	25	25	10	5	0
6	750	5	4500	15	25	15	6	15	1.13
7	250	15	4500	15	15	25	6	15	0
8	750	15	4500	15	15	15	10	5	0.8
9	250	5	3500	25	25	25	6	15	1.12
10	750	5	3500	25	25	15	10	5	2.01
11	250	15	3500	25	15	25	10	5	0
12	750	15	3500	25	15	15	6	15	0.5
13	250	5	4500	25	15	15	10	15	0
14	750	5	4500	25	15	25	6	5	0
15	250	15	4500	25	25	15	6	5	0
16	750	15	4500	25	25	25	10	15	0
17	500	10	4000	20	20	20	8	10	0.96
18	500	10	4000	20	20	20	8	10	1.13
19	500	10	4000	20	20	20	8	10	0

表 6-9 粘贴面积占比之回归分析模型

项目	系数	标准偏差	p 值	信赖区间
常数	0.539474	0.127229	0.00171598	0.283482
1-s-s	0.1075	0.138645	0.456071	0.308918
1-s-t	−0.0849999	0.138645	0.553513	0.308918
2-s-s	−0.20625	0.138645	0.167691	0.308918
2-s-t	0.00624998	0.138645	0.96493	0.308918
1-bk-t	0.285	0.138645	0.0668774	0.308918
2-bk-t	−0.3075	0.138645	0.0508759	0.308918
b-P	0.10375	0.138645	0.471504	0.308918
b-t	0.09625	0.138645	0.503353	0.308918
数目＝19	$Q_2 =$	−0.696	条件数＝	1.0897
自由度＝10	$R^2 =$	0.572	Y-偏移＝	0
			相对标准偏差＝	0.5546
			信赖区间＝	0.95

由以上的计算结果，推测出回归方程式为线性模型，公式为：

粘贴面积＝0.54＋0.11[1-旋涂速度]－0.08[1-旋涂时间]－0.21[2-旋涂速度]＋0.00[2-旋涂时间]＋0.29[90℃烘烤时间]－0.31[120℃烘烤时间]＋0.10[接合压力]＋0.10[接合时间]

（6）最佳实验结果

由回归模型，可以归纳因子的水平最佳值，见表 6-10。

表 6-10　因子的水平最佳值

控制因子	最佳水平
1-旋涂速度	750r/min
1-旋涂时间	5s
2-旋涂速度	3500r/min
2-旋涂时间	15~30s
90℃烘烤时间	25min
120℃ 烘烤时间	15min
接合压力	10kgf
接合时间	15min

（7）实验总结

① 此次实验由于因子数目多，回归方程式为线性，必须再次实验，解析实验中的"二次项"的回归分析模型。

② 回归分析中，以 SOG 作为接合材料的状况在此系统下常数为 0.54％，数值偏低。这是没有控制因子情况下的粘贴现象，系统的固定参数的设定会使剥离的程度小于 1％，所以这个制程的系统设计有误，或是 SOG 不适合作为接合材料。

第 **7** 章
实验设计综合范例

7.1 反映曲面综合实验范例——印刷电路板用防焊油墨的最佳工艺条件

本范例是一个综合性实验，目的是寻找出印刷电路板用防焊油墨的最佳工艺条件。本实验经行因子实验、RSM 中心因子实验，再利用响应面分析法对 UV 防焊油墨的曝光显影等常用条件进行优化，建立相应的数学模型和三维曲面，得到最优的显影曝光条件，以及有效使用的工作窗口。

本实验由广东石油化工学院-材料科学与工程学院-高分子 2018 级-罗杨凯、董楚裕、徐雨阳、莫均宏，广东石油化工学院-化学 2018 级-骆晓杰提供。

7.1.1 阻焊油墨批覆预备实验

(1) 实验说明

随着 UV 油墨在多个领域的持续增长及对于传统胶印油墨替代效应的逐步加深，未来 UV 固化防焊油墨会拥有越来越多应用场景。为使应用在电路板上的阻焊油墨拥有最佳显影能力和分辨率，研究关于阻焊油墨的制程获得优化条件，选择稀释比例、批覆涂布的方式、曝光能量、显影液种类和浓度作为控制因子。

(2) 预备实验

经过讨论，本实验因子排了 5 个，因子水平见表 7-1。

表 7-1　预备实验因子水平一览

项次	因子	水平
1	阻焊油墨调配浓度	阻焊油墨与稀释剂的比例
2	阻焊油墨种类	• UV 热固型阻焊油墨（负型光刻胶） • UV 固化型阻焊油墨（负型光刻胶）
3	批覆方法	旋转涂布（spin coating）
4	烘烤温度	80~150℃
5	烘烤时间	10~30min

（3）预烘时间和温度实验

预烘的时间一般在 10~15min，而预烘温度一般要比阻焊油墨玻璃化转变温度要稍低，在 60℃、70℃、80℃、90℃ 中选择较好的预烘温度。实验结果见表 7-2。

表 7-2　预烘时间和温度实验

因子	60℃	70℃	80℃	90℃
预烘结果	×	×	√	√

本实验选择的预烘温度为 80℃，预烘时间为 10min。

（4）显影液确定实验

不同显影液对阻焊油墨显影效果的影响，实验结果见表 7-3。

表 7-3　不同显影液对阻焊油墨显影效果的影响

显影液	显影液影效果
氢氧化钠溶液	过度显影，涂层图像分辨率低
碳酸钠溶液	不能正常显影
酒精 70%、95%	可正常显影

7.1.2　旋转涂布参数设定实验

（1）实验说明

旋转涂布参数设定分为实验因子水平与观测值、测量与特性值、实验固定参数设定、实验正交配置，从而找出最佳涂布条件。

（2）实验因子水平一览

本实验因子排了 3 个，因子水平见表 7-4。

表 7-4 因子水平一览

控制因子	代号	水平 1	水平 2	交互作用
第一段旋转涂布速度	A	1000r/min	2000r/min	
第一段旋转涂布时间	B	5 s	10 s	无
稀释剂与油墨比例	C	0	2∶1	

（3）实验特性分析项目

本次旋转涂布湿膜均匀性分析项目，见表 7-5。

表 7-5 旋转涂布湿膜均匀性分析项目

项次	项目	测量设备	特性值及规格	分析值
1	旋转涂布湿膜均匀性	目视	• 完全均匀：10 • 完全不均匀：0	分数越大越好

（4）实验指示书与实验结果

设计 $L_8(2^7)$ 正交实验，实验指示书与实验数据见表 7-6。

表 7-6 实验指示书与实验数据

实验代号 \ 因子设置	第一段旋转涂布速度/(r/min)	第一段旋转涂布时间/s	稀释剂与油墨比例	旋转涂布湿膜均匀性
1	1000	5	2∶1	7
2	1000	5	0	6
3	1000	10	2∶1	7
4	1000	10	0	3
5	2000	5	0	3
6	2000	5	2∶1	8
7	2000	10	0	7
8	2000	10	2∶1	9

（5）实验效果响应图

绘制实验效果响应，见图 7-1。

（6）方差分析

计算实验数据的方差分析表，结果见表 7-7。

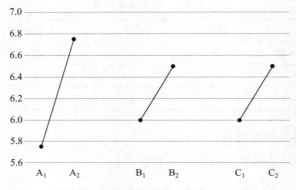

图 7-1 实验效果响应图

表 7-7 实验资料方差分析表

变异来源	平方和	自由度	均方	F 值	p 值	显著性
A	2	1	2	0.262	0.2623	
B	0.5	1	0.5	0.066	0.0656	
C	0.5	1	0.5	0.066	0.0656	
误差	30.5	4	7.625			
合计	33.5	7				

方差分析表，由 p 值判断，其中 A、B、C 都没有显著性，因此对于第一段旋转涂布速度、第一段旋转涂布时间、稀释剂与油墨比例都依据效果响应的结论执行。

（7）最佳条件推论

旋转涂布最佳条件为 $A_2B_2C_2$，即：

第一段旋转涂布速度：2000r/min。

第一段旋转涂布时间：10s。

稀释剂与油墨比例：2∶1。

7.1.3 曝光显影参数设定实验

（1）实验说明

本实验为设定光罩材料、类型以及曝光时间。

（2）实验因子水平一览

本实验因子排了 3 个，无交互作用，因子水平见表 7-8。

表 7-8　因子水平一览

控制因子	代号	水平 1	水平 2	交互作用
光罩材料	A	菲林	硫酸纸	
光罩类型	B	正片	负片	无
曝光时间	C	15min	20min	

（3）实验特性分析项目

本次实验显影时间分析项目，见表 7-9。

表 7-9　显影时间分析项目

项次	项目	测量设备	特性值及规格	说明
1	显影时间	定时器	60s	60s 左右较为合适

（4）实验指示书与特性测量资料

实验为 3 因子 2 水平，设计 $L_8(2^7)$ 正交实验，实验指示书与实验数据见表 7-10。

表 7-10　实验指示书与实验数据

实验代号 ＼ 因子设置	光罩材料	光罩类型	曝光时间/min	显影时间/min
1	菲林	正片	15	10
2	菲林	正片	20	10
3	菲林	负片	15	12
4	菲林	负片	20	10
5	硫酸纸	正片	15	10
6	硫酸纸	正片	20	10
7	硫酸纸	负片	15	10
8	硫酸纸	负片	20	10

（5）效果响应图

绘制实验结果效果响应，见图 7-2。

（6）方差分析

实验数据的方差分析，计算见表 7-11。

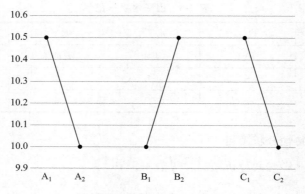

图 7-2　实验效果响应图

表 7-11　实验资料方差分析表

变异来源	平方和	自由度	均方	F 值	p 值	显著性
A	0.5	1	0.5	1	1.0000	
B	0.5	1	0.5	1	1.0000	
C	0.5	1	0.5	1	1.0000	
误差	2	4	0.5			
合计	3.5	7				

由 p 值判断，其中 A、B、C 都没有显著性。

(7) 最佳条件推论

曝光显影最佳条件为 $A_1B_2C_1$，即：

光罩材料：菲林。

光罩类型：负片。

曝光时间：15min。

7.1.4　因子实验-1

(1) 实验说明

本实验为设定阻焊油墨用量、曝光时间及旋转涂布第三段速度。

(2) 实验因子水平一览

本实验因子排了 3 个，无交互作用，因子水平见表 7-12。

(3) 实验特性分析项目

本次曝光显影后阻焊油墨的面积分析项目，见表 7-13。

表 7-12　因子水平一览

因子	代号	水平 1	水平 2	交互作用
阻焊油墨用量	A	0.5mL	0.7mL	
曝光时间	B	2min	5min	无
旋转涂布第三段速度	C	2500r/min	3500r/min	

表 7-13　曝光显影后阻焊油墨的面积

项次	项目	测量设备	特性值及规格	说明
1	全部显影比例曝光显影后阻焊油墨的面积	• 直尺 • Image J 软件	$\dfrac{显影后光刻胶面积}{光罩图案面积}$	望目特性：100%
2	边界显影比例曝光显影后阻焊油墨的面积	• 直尺 • Image J 软件	$\dfrac{显影后光刻胶面积}{光罩图案面积}$	望目特性：100%
3	边角显影比例曝光显影后阻焊油墨的面积	• 直尺 • Image J 软件	$\dfrac{显影后光刻胶面积}{光罩图案面积}$	望目特性：100%

（4）实验正交配置

实验为 3 因子 2 水平，设计 $L_8(2^7)$ 正交实验，实验指示书与实验数据见表 7-14。

表 7-14　实验指示书

实验代号 \ 因子配置	阻焊油墨用量/mL	曝光时间/min	旋转涂布第三段速度/(r/min)
1	0.5	2	2500
2	0.8	2	2500
3	0.5	5	2500
4	0.8	5	2500
5	0.5	2	3500
6	0.8	2	3500
7	0.5	5	3500
8	0.8	5	3500

（5）结果分析

本实验数据测量结果，见表 7-15。

表 7-15 实验数据

实验代号	全体平均值	标准偏差	全距	边界	边角
1	141%	0.85	2.75	191%	90%
2	122%	0.73	2.27	172%	72%
3	106%	0.66	2.12	150%	61%
4	104%	0.65	2.00	148%	60%
5	105%	0.54	1.92	133%	77%
6	104%	0.65	2.09	148%	60%
7	102%	0.62	2.02	144%	60%
8	111%	0.62	1.89	155%	67%

(6) 效果响应图

将实验的全体平均值、边界效果、边角效果响应绘制成图 7-3。

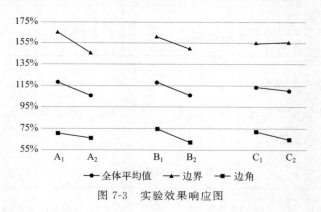

图 7-3 实验效果响应图

(7) 方差分析

① 平均值方差分析

平均值方差分析，计算见表 7-16。

表 7-16 实验资料平均值方差分析表

变异来源	平方和	自由度	均方	F 值	p 值	显著性
A	0.030543867	1	0.03054	1.997	1.9970	
B	0.030107082	1	0.03011	1.969	1.9684	
C	0.001803527	1	0.0018	0.118	0.1179	
误差	0.061179531	4	0.01529			
合计	0.123634008	7				

由 p 值判断，其中 A、B、C 都没有显著性。

② 边界方差分析

边界方差分析，计算见表 7-17。

表 7-17　实验资料边界方差分析表

变异来源	平方和	自由度	均方	F 值	p 值	显著性
A	0.082187996	1	0.08219	2.673	2.6730	
B	0.028729063	1	0.02873	0.934	0.9343	
C	0.000224416	1	0.00022	0.007	0.0073	
误差	0.122991956	4	0.03075			
合计	0.23413343	7				

由 p 值判断，其中 A、B、C 都没有显著性。

③ 边角方差分析

边角方差分析，计算见表 7-18。

表 7-18　实验资料边角方差分析表

变异来源	平方和	自由度	均方	F 值	p 值	显著性
A	0.003950322	1	0.00395	0.451	0.4507	
B	0.031517381	1	0.03152	3.598	3.5959	
C	0.009983291	1	0.00998	1.139	1.1390	
误差	0.035059293	4	0.00876			
合计	0.080510287	7				

由 p 值判断，其中 A、B、C 都没有显著性。

(8) 最佳条件推论

旋转涂布因子水平最佳条件推估，见表 7-19。

表 7-19　因子水平最佳条件推估

项目	阻焊油墨用量	曝光时间	旋转涂布第三段速度
平均值	A_1	B_1	C_1
边界	A_1	B_1	C_2
边角	A_1	B_1	C_1

推估旋转涂布最佳条件为 $A_1B_1C_1$，即：

阻焊油墨用量：0.5mL。

曝光时间：2min。

旋转涂布第三段速度：2500r/min。

所以对于阻焊油墨用量、曝光时间及旋转涂布第三段速度，都依据结论执行。

7.1.5 因子实验-2

(1) 实验说明

本实验设定曝光时间、酒精浓度及曝光波长。

(2) 实验因子水平一览

本实验为 3 因子 2 水平，无交互作用，因子水平见表 7-20。

表 7-20 因子水平对照表

控制因子	代号	水平 1	水平 2	交互作用
曝光时间	A	30s	60s	无
酒精浓度	B	63%	95%	无
曝光波长	C	365nm	395nm	无

(3) 实验特性分析项目

本次曝光显影后阻焊油墨的面积分析项目，见表 7-21。

表 7-21 曝光显影后阻焊油墨的面积

项次	项目	测量设备	特性值及规格	说明
1	全部显影比例曝光显影后阻焊油墨的面积	• 直尺 • Image J 软件	$\dfrac{显影后光刻胶面积}{光罩图案面积}$	望目特性：100%
2	边界显影比例曝光显影后阻焊油墨的面积	• 直尺 • Image J 软件	$\dfrac{显影后光刻胶面积}{光罩图案面积}$	望目特性：100%
3	边角显影比例曝光显影后阻焊油墨的面积	• 直尺 • Image J 软件	$\dfrac{显影后光刻胶面积}{光罩图案面积}$	望目特性：100%

(4) 实验正交配置

实验为 3 因子 2 水平，设计 $L_8(2^7)$ 正交实验，实验指示书与实验数据见表 7-22。

表 7-22　$L_8(2^7)$　正交实验配置

实验代号	因子配置 曝光时间/s	酒精浓度/%	曝光波长/nm
1	30	63	365
2	30	63	395
3	30	95	365
4	30	95	395
5	60	63	365
6	60	63	395
7	60	95	365
8	60	95	395

（5）实验资料

本实验的测量数据，见表 7-23。

表 7-23　实验数据计算

实验代号	平均值	标准偏差	全距	边界	边角
1	109%	0.11	0.34	113%	105%
2	101%	0.08	0.21	105%	97%
3	87%	0.05	0.17	90%	84%
4	87%	0.07	0.19	88%	86%
5	95%	0.09	0.29	99%	91%
6	85%	0.06	0.20	89%	81%
7	86%	0.05	0.15	87%	85%
8	93%	0.13	0.34	97%	89%

（6）效果响应图

将实验的全体平均值、边界效果、边角效果响应绘制成图 7-4。

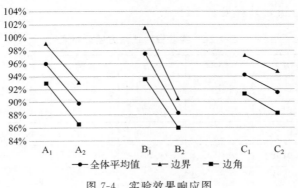

图 7-4　实验效果响应图

(7) 方差分析

① 平均值方差分析

平均值方差分析，计算见表 7-24。

表 7-24　实验资料平均值方差分析表

变异来源	平方和	自由度	均方	F 值	p 值	显著性
A	0.0083	1	0.0083	1.379	1.3826	
B	0.0179	1	0.0179	2.973	2.9729	
C	0.0014	1	0.0014	0.233	0.2348	
误差	0.0241	4	0.00602			
合计	0.0517	7				

由 p 值判断，其中 A、B、C 都没有显著性。

② 边界方差分析

边界方差分析，计算见表 7-25。

表 7-25　实验资料边界方差分析表

变异来源	平方和	自由度	均方	F 值	p 值	显著性
A	0.0081	1	0.0081	1.113	1.1185	
B	0.0247	1	0.0247	3.393	3.3965	
C	0.0012	1	0.0012	0.165	0.1690	
误差	0.0291	4	0.00728			
合计	0.0632	7				

由 p 值判断，其中 A、B、C 都没有显著性。

③ 边角方差分析

边角方差分析，计算见表 7-26。

表 7-26　实验资料边角方差分析表

变异来源	平方和	自由度	均方	F 值	p 值	显著性
A	0.0085	1	0.0085	1.638	1.6382	
B	0.0122	1	0.0122	2.351	2.3439	
C	0.0016	1	0.0016	0.308	0.3100	
误差	0.0208	4	0.00519			
合计	0.0431	7				

由 p 值判断，其中 A、B、C 都没有显著性。

(8) 最佳条件推估

阻焊油墨用涂布因子水平最佳条件推估，见表 7-27。

表 7-27　因子水平最佳条件推估表

区域　　　　　　　因子	曝光时间	酒精浓度	曝光波长
平均值	A_1	B_1	C_1
边界	A_1	B_1	C_1
边角	A_1	B_1	C_1

旋转涂布最佳条件为 $A_1 B_1 C_1$，即：

曝光时间：30min。

酒精浓度：63％。

曝光波长：365nm。

因此对于曝光时间、酒精浓度、曝光波长，都依据结论执行。

7.1.6　RSM-中心因子实验

(1) 实验说明

依据上述的实验结果，本实验依据反应曲面法，设计实验，推估曝光时间、酒精浓度及旋转涂布第三段速度的回归模型。

(2) 实验因子水平一览

本实验因子 3 个，各因子水平因子见表 7-28。

表 7-28　因子水平对照表

控制因子	代号	水平下限（−1）	水平中心值（0）	水平上限（1）
酒精浓度	A	63％	75％	95％
曝光时间	B	30min	60min	90min
旋转涂布第三段速度	C	2500r/min	3000r/min	3500r/min

(3) 实验特性分析项目

本次曝光显影后阻焊油墨的面积分析项目，见表 7-29。

从零学实验设计与数据处理

表 7-29 曝光显影后阻焊油墨的面积

项次	项目	测量设备	特性值及规格	说明
1	全部显影比例曝光显影后阻焊油墨的面积	• 直尺 • Image J 软件	$\dfrac{\text{显影后光刻胶面积}}{\text{光罩图案面积}}$	望目特性：100％
2	边界显影比例曝光显影后阻焊油墨的面积	• 直尺 • Image J 软件	$\dfrac{\text{显影后光刻胶面积}}{\text{光罩图案面积}}$	望目特性：100％
3	边角显影比例曝光显影后阻焊油墨的面积	• 直尺 • Image J 软件	$\dfrac{\text{显影后光刻胶面积}}{\text{光罩图案面积}}$	望目特性：100％

（4）实验配置

实验为 3 因子 2 水平，设计一个 RSM 实验，在中心点重复 3 次实验，以增加计算估计误差，实验配置见表 7-30。

表 7-30 反应曲面因子水平编码设定

实验代号	涂膜厚度	曝光时间	显影液浓度	备注
1	−1	−1	−1	因子实验
2	1	−1	−1	因子实验
3	−1	1	−1	因子实验
4	1	1	−1	因子实验
5	−1	−1	1	因子实验
6	1	−1	1	因子实验
7	−1	1	1	因子实验
8	1	1	1	因子实验
9	0	0	0	中心点实验
10	0	0	0	中心点实验
11	0	0	0	中心点实验
12	0	0	0	中心点实验

（5）实验资料

本实验的测量数据，见表 7-31。

表 7-31 实验数据计算

实验代号	平均值	标准偏差	全距	边界	边角
1	105％	0.09	0.32	108％	102％
2	99％	0.09	0.31	100％	97％
3	98％	0.12	0.39	102％	95％

实验代号	平均值	标准偏差	全距	边界	边角
4	102%	0.11	0.39	105%	99%
5	107%	0.11	0.42	110%	103%
6	104%	0.11	0.38	109%	99%
7	110%	0.12	0.39	112%	107%
8	102%	0.12	0.38	105%	99%
9	106%	0.12	0.43	111%	101%
10	110%	0.12	0.39	115%	105%
11	107%	0.12	0.42	111%	104%
12	103%	0.10	0.33	108%	99%

(6) 反应曲面计算

一阶反应曲面实验设计并无法估计曲率效果。要估计曲率效果必须将实验设计扩充，进行中心点实验，而且必须是重复实验。

① 计算曲率方差和

$$SS_{曲率} = \frac{n_F n_C (\bar{y}_F - \bar{y}_C)^2}{n_F + n_C} \tag{7-1}$$

式中　n_F——因子设计实验之实验数；

$\quad\quad n_C$——中心点实验之实验数；

$\quad\quad \bar{y}_F$——因子设计实验之实验响应平均值；

$\quad\quad \bar{y}_C$——中心点实验之实验响应平均值。

由上式可知当 $\bar{y}_F = \bar{y}_C$ 时曲率方差和为 0，代表无曲率效果存在。

② 计算误差方差和

$$SS_E = \sum_{i=1}^{n_C} (y_i - \bar{y}_C)^2 \tag{7-2}$$

上式即在计算中心点重复实验的纯误差方差和。

③ 计算 F 统计量

$$F = \frac{SS_{曲率}/1}{SS_E/(n_C - 1)} = \frac{MS_{曲率}}{MS_E} \tag{7-3}$$

由上式知 F 统计量等于曲率均方差 $MS_{曲率}$ 对误差均方差 MS_E 的比例，因此 F 统计量大代表曲率效果显著。通过 F 检验即可估计曲率效果总和是否显著。

如果曲率效果不显著，则适合使用一阶模型。

如果曲率效果显著，则适合使用二阶模型。

本次实验资料统计分析结果，见表 7-32。

表 7-32　实验资料统计分析结果表

项目	平均值	边界	边角
Y_C	1.065	1.113	1.023
Y_F	1.032	1.064	1.001
SS_C	0.003	0.006	0.001
SS_E	0.002	0.002	0.002
F	4.040	7.682	1.588
显著	不显著	不显著	不显著
反应曲面模型	一阶模型	一阶模型	一阶模型

假设显著水平 5%，F 临界值为 10.3，故曲率效果不显著，适合使用一阶模型。

（7）反应曲面模型建构

利用效果分析法，建设回归模型，回归模型为二次式。

$$Y = 1.043 - 0.017[A] - 0.003[B] + 0.023[C] + 0.006[AB] - 0.01[AC] + 0.006[BC]$$

也就是

百分比 $= 1.043 - 0.017$[酒精浓度] $- 0.003$[曝光时间] $+ 0.023$[旋转涂布第三段速度] $+ 0.006$[酒精浓度] $\times$ [曝光时间] $- 0.01$[酒精浓度] $\times$ [旋转涂布第三段速度] $+ 0.006$[曝光时间] $\times$ [旋转涂布第三段速度]

① 反应曲面——[酒精浓度] $\times$ [曝光时间]

[酒精浓度] $\times$ [曝光时间]-等高图见图 7-5。

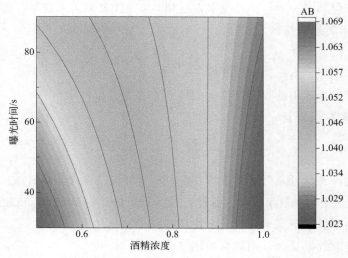

图 7-5　[酒精浓度] $\times$ [曝光时间]-等高图

［酒精浓度］×［曝光时间］-反应曲面图见图 7-6。

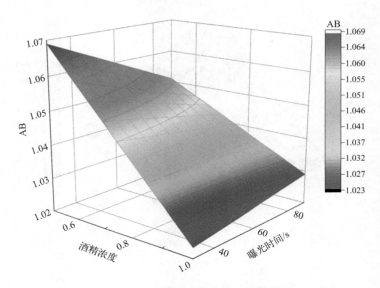

图 7-6　［酒精浓度］×［曝光时间］-反应曲面图

② 反应曲面——［酒精浓度］×［旋转涂布第三段速度］

［酒精浓度］×［旋转涂布第三段速度］-等高图见图 7-7。

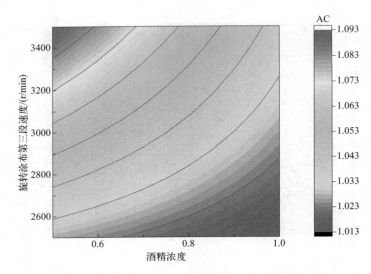

图 7-7　［酒精浓度］×［旋转涂布第三段速度］-等高图

［酒精浓度］×［旋转涂布第三段速度］-反应曲面图见图 7-8。

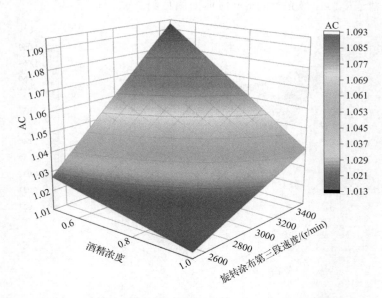

图 7-8　［酒精浓度］×［旋转涂布第三段速度］-反应曲面图

③ 反应曲面——［曝光时间］×［旋转涂布第三段速度］

［曝光时间］×［旋转涂布第三段速度］-等高图见图 7-9。

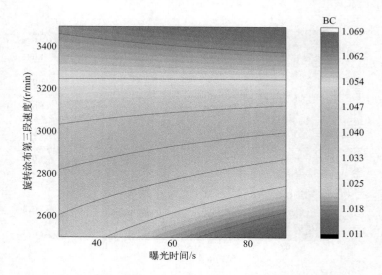

图 7-9　［曝光时间］×［旋转涂布第三段速度］-等高图

［曝光时间］×［旋转涂布第三段速度］-反应曲面图见图 7-10。

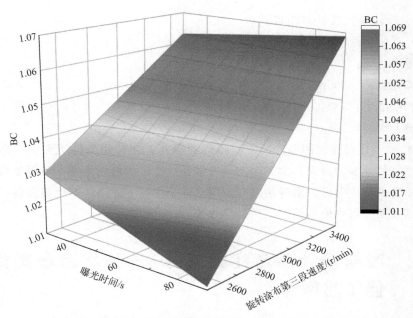

图 7-10　［曝光时间］×［旋转涂布第三段速度］-反应曲面图

(8) 性能测试分析

依据 RSM 的实验结果，建立起一阶反应曲面模型建构，回归模型为

$Y=1.043-0.017[A]-0.003[B]+0.023[C]+0.006[AB]-0.01[AC]+0.006[BC]$

也就是

百分比＝1.043－0.017［酒精浓度］－0.003［曝光时间］＋0.023［旋转涂布第三段速度］＋0.006［酒精浓度］×［曝光时间］－0.01［酒精浓度］×［旋转涂布第三段速度］＋0.006［曝光时间］×［旋转涂布第三段速度］

(9) 实验总结——UV 固化阻焊油墨

通过正交实验与反应曲面实验设计得到的结果，阻焊油墨最佳的使用条件如下所示。

① 旋转涂布机参数如下：

旋转涂布第一段速度：1000r/min。

旋转涂布第二段速度：2000r/min。

旋转涂布第三段速度：3000r/min。

旋转涂布第一段时间：10s。

旋转涂布第二段时间：10s。

旋转涂布第三段时间：10s。

② 较佳曝光显影条件如下：

光罩：正片、负片皆可。

曝光时间：30s。

曝光波长：365nm。

酒精浓度：63％。

显影时间：10s。

③ 如上述最佳使用条件所示，阻焊油墨在上述使用条件下更能发挥出该涂层原有的性能和效果。本实验结果为阻焊油墨最优使用条件，并不是阻焊油墨唯一有效使用条件；阻焊油墨在使用允许条件与上述条件产生偏差时，得到的应用效果是可以使用的，不是最优效果。

7.2 混料设计综合实验范例——疏水涂层制备最佳工艺条件

本实验的目的主要是对自然界中具有疏水性质的微观结构粗糙表面的探索，人们想通过聚合物呈现超疏水涂层的形式对它们进行仿生制造成产品且应用于人类社会中，运用其特殊的性能去弥补一些材料的不足之处。

具备这些性能的前提是探究出足够大接触角的化合配方，根据配方的试剂的添加量控制涂层接触角的大小与粗糙度的关系。

本实验是一个综合性实验，目的是寻找生产疏水涂层的最佳混料设计。这个实验设计综合范例，是由一系列的实验步骤，设计出预备实验、筛选实验、要因设定实验、混料设计实验，最后找出较佳工作窗口，达到设定的目标。

本实验由广东石油化工学院-材料科学与工程学院-高分子 2019 级-何欣悦、梁咏芯、梁秋滢、张颖欣、冯子健提供。

7.2.1 因子设定实验

(1) 实验目的

疏水涂层的主要成分是碳氟溶液。使用 95％乙醇作为溶剂，在滴加酸或碱的条件下响应 24h 得到碳氟溶液。

单体树脂和光引发剂产生缩聚反应，聚二季戊四醇六丙烯酸酯和甲基丙烯酸羟乙酯在过氧化二苯甲酰的引发下得到缩聚物。把纳米级的碳氟溶液与缩聚物进行一定比例的添加即可。

实验的目的就是找出以上反应的最佳反应条件。

（2）实验因子水平

由于疏水涂层配方制成的膜容易开裂，为改善这一情况，列出可能的影响因子，因子水平一览见表 7-33。

表 7-33　因子水平一览

因子	代号	水平 1	水平 2	交互作用
加热温度	A	50℃	70℃	
加热时间	B	15min	30min	无
搅拌转速	C	100r/min	200r/min	

（3）实验特性分析项目

本次疏水涂膜层的特性分析项目，见表 7-34。

表 7-34　实验特征值

项次	项目	测量设备	特性值及规格	分析值
1	涂膜层的疏水性	Image J	水滴角	望大特性：＞120°，越大越好
2	涂膜层的平滑度	光学显微镜	平滑	越平滑越好

（4）实验指示书与实验数据

设计 L_8 表进行因子设定实验，实验指示书与实验数据见表 7-35。

表 7-35　实验指示书与实验数据

实验代号	加热温度/℃	加热时间/min	搅拌转速/(r/min)	水滴角/(°)	品质（1～10 分）
1	50	15	100	81.3	2
2	50	15	200	85.1	1
3	50	30	100	85.9	2
4	50	30	200	80.9	2
5	70	15	100	84.7	5
6	70	15	200	83.2	7
7	70	30	100	75.1	2
8	70	30	200	79.9	3

（5）实验数据分析

① 水滴角

a. 效果响应图

将影响水滴角效果响应绘制成图 7-11。

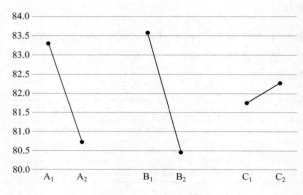

图 7-11　水滴角效果响应图

b. 方差分析

水滴角方差分析，计算见表 7-36。

表 7-36　水滴角方差分析

变异来源	平方和	自由度	均方	F 值	p 值	显著性
A	13.26	1	13.26	0.98	0.38	
B	19.53	1	19.53	1.45	0.30	
C	0.55	1	0.55	0.04	0.85	
误差	53.93	4	13.48			
总和	87.27	7				

c. 最佳条件推论

最佳条件为 $A_1 B_1 C_2$，即：

加热温度：50℃。

加热时间：15min。

搅拌转速：200r/min。

② 膜质量

a. 效果响应图

将影响膜质量效果响应绘制成图 7-12。

b. 方差分析

膜质量方差分析，计算见表 7-37。

c. 最佳条件推论

最佳条件为 $A_2 B_1 C_2$，即：

加热温度：70℃。

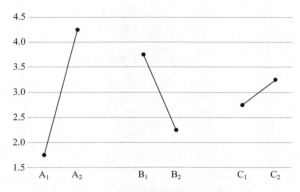

图 7-12　膜质量效果响应图

表 7-37　膜质量方差分析

变异来源	平方和	自由度	均方	F 值	p 值	显著性
A	12.50	1	12.50	1.19	0.47	
B	4.50	1	4.50	0.43	0.63	
C	0.50	1	0.50	0.05	0.86	
误差	10.50	1	10.50			
总和	28.00	5				

加热时间：15min。

搅拌转速：200r/min。

(6) 实验小结

成膜剂在 70℃、200r/min 下，加热搅拌 15min 获得的膜质量最好。并且添加纳米二氧化硅后测量的水滴角要比添加硅酸溶液以及只有成膜剂的样品的接触角大。

7.2.2　混料实验

(1) 实验说明

为研究成膜剂、纳米二氧化硅粉末以及 C-F 化合物三者的用量及三者之间的相互作用对水滴角的影响，再设计一混料单体重心设计（mixture-simplex centroid design）（图 7-13），并据此进行实验。

(2) 实验因子水平

依据以往实验结果，列出可能的影响因子 3 个，因子水平一览见表 7-38。

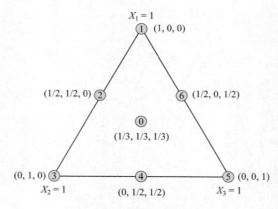

图 7-13　混料单体重心设计

表 7-38　实验因子水平一览

控制因子	代号	水平（0）	水平（1）
成膜剂用量	A	1mL	2mL
纳米二氧化硅用量	B	10mg	100mg
C-F 化合物用量	C	0.2mL	0.7mL

（3）实验设计编码与实验指示书

本实验采用混料单体重心设计，实验设计编码与实验指示书见表 7-39、表 7-40。

表 7-39　混料单体重心实验设计编码

实验代号	A	B	C
1	1	0	0
2	0	1	0
3	0	0	1
4	1/2	1/2	0
5	1/2	0	1/2
6	0	1/2	1/2
7	1/3	1/3	1/3
8	2/3	1/6	1/6
9	1/6	2/3	1/6
10	1/6	1/6	2/3
11	1	0	0
12	0	1	0
13	0	0	1

表 7-40　混料单体重心设计实验指示书

实验代号	成膜剂用量	纳米二氧化硅用量	C-F 化合物用量
1	2mL	10mg	0.2mL
2	1mL	100mg	0.2mL
3	1mL	10mg	0.7mL
4	1.5mL	55mg	0.2mL
5	1.5mL	10mg	0.45mL
6	1mL	55mg	0.45mL
7	1.33mL	40mg	0.37mL
8	1.67mL	25mg	0.28mL
9	1.17mL	70mg	0.28mL
10	1.17mL	25mg	0.53mL
11	2mL	10mg	0.2mL
12	1mL	100mg	0.2mL
13	1mL	10mg	0.7mL

（4）实验测量数据

实验测量数据结果，见表 7-41。

表 7-41　实验测量数据

实验代号	水滴角/(°)			
	位置 1	位置 2	位置 3	平均值
1	97.1	100.5	93.6	97.1
2	125.6	128.2	127.6	127.1
3	118.9	110.9	111.0	113.6
4	134.9	141.1	144.3	140.1
5	104.5	96.3	92.2	97.7
6	138.8	141.9	144.2	141.6
7	136.0	139.8	136.7	137.5
8	118.7	110.9	118.1	115.9
9	127.5	141.2	143.4	137.4
10	124.3	129.2	121.7	125.1
11	136.4	132.0	134.9	134.4
12	125.5	134.9	135.6	132.0
13	128.2	136.7	139.6	134.8

（5）方程式拟合

对于疏水涂层水滴角回归方程式拟合结果分析，见表 7-42。由表中数据，二次式模型的逐次 p 值为 0.1642，所以数据仿真结果为：二次式模型（quadratic model）。

表 7-42　方程式拟合分析表

模型型态	逐次 p 值	缺适性 p 值	调整 R^2	预估 R^2	
线性（linear）	0.2109	0.7927	0.1210	−0.3705	
二次式（quadratic）	0.1642	0.9848	0.3675	−0.3453	建议
特殊三次式（speciaL cubic）	0.6677	0.9752	0.2863	−0.5319	
三次式（cubic）	0.9698	0.7291	−0.0542	−3.1022	假象
特殊三次式对二次式	0.9748	0.7291	−0.0542	−3.1022	
二次式对三次式	0.7291		−0.3410		假象
二次式对特殊二次式	0.7291		−0.3410		假象

（6）水滴角二次式模型方差分析

疏水涂层水滴角实验资料回归方程式二次式模型方差分析见表 7-43。

表 7-43　二次式模型方差分析

变异来源	平方和	自由度	均方	F 值	p 值	显著性
平均对总和	2.055×10^5	1	2.055×10^5			
线性对平均	743.86	2	371.93	1.83	0.2109	
二次式对线性	1011.28	3	337.09	2.30	0.1642	建议

疏水涂层二次式回归模型的方差分析如表 7-44。

表 7-44　二次式回归模型方差分析

变异来源	平方和	自由度	均方	F 值	p 值	显著性
模型	1755.14	5	351.03	2.39	0.1430	不显著
线性混合	743.86	2	371.93	2.54	0.1483	
AB	355.51	1	355.51	2.43	0.1633	
AC	412.59	1	412.59	2.81	0.1373	
BC	302.15	1	302.15	2.06	0.1942	
残值	1026.07	7	146.58			
缺适性	93.70	4	23.43	0.0754	0.9848	不显著
纯误差	932.37	3	310.79			
合计	2781.22	12				

（7）水滴角混料设计的反应方程式

$$水滴角 = +114.93280[A] + 129.05661[B] + 124.22327[C] +$$
$$75.00121[AB] - 80.79879[AC] + 69.14406[BC]$$

（8）水滴角混料设计的配方反映等高图

疏水涂层水滴角混料设计配方等高图，见图 7-14。

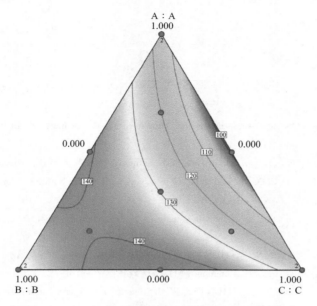

图 7-14　疏水涂层水滴角混料设计配方反应等高图

(9) 水滴角混料设计的 3D 反应图

疏水涂层水滴角混料设计配方 3D 反应图见图 7-15。

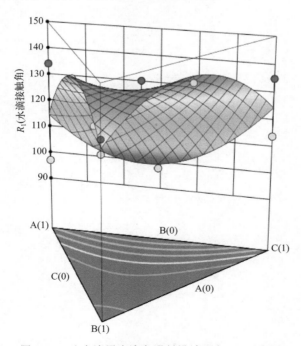

图 7-15　疏水涂层水滴角混料设计配方 3D 反应图

参考文献

［1］ DEAN A M，VOSS D. Design and analysis experiments ［M］. Beijing：World Publishing Corp. ，2010.

［2］ DAS M N，GIRI N C. Design and analysis of experiments ［M］. New York：Wiley，1988.

［3］ MONTGOMERY D C. Design and analysis of experiments ［M］. Eighth edition. Hoboken，New Jersey：John Wiley & Sons，Inc，2013.

［4］ COBB G W. Introduction to design and analysis of experiments ［M］. Hoboken，New Jersey：Wiley，2008.

［5］ BOX G E P，HUNTER W G，HUNTER J S. Statistics for experimenters：An introduction to design，data analysis，and model building ［M］. New York：Wiley，1978.

［6］ BOX G E P，HUNTER J S，HUNTER W G. Statistics for experimenters：Design，innovation，and discovery ［M］. 2nd ed. Hoboken，New Jersey：Wiley-Interscience，2005.

［7］ COX D R，REID N. The theory of the design of experiments ［M］. Boca Raton：Chapman & Hall/CRC，2000.